初歩からの化学

安池智一・鈴木啓介

初歩からの化学（'18）

©2018　安池智一・鈴木啓介

装丁・ブックデザイン：畑中　猛

まえがき

　化学と聞いて広くイメージされるのは，白衣を着た化学者が試験管を片手に危険な"化学物質"を扱う姿でしょうか．このイメージがどこから来るのかと多くの人にとっての原体験は何だろうかと辿っていくと，小中学校の理科実験に行き着きます．新しい概念の理解には，極端な例を考えるのが一番です．例えば酸・塩基の性質を考える上でその典型となるのは，塩酸や硫酸などの"強酸"や水酸化ナトリウムなどの"強塩基"です．そうすると自ずから危ないものを扱うことになるし，同時に先生はしつこいくらいに危険性への注意喚起をしますから，どうしても化学物質は危険だということになります．これによって化学は面白いと感じる人もいます（！）が，とにかく無関係でいたいという人が生まれてしまうのも仕方がないのかもしれません．しかしながら，化学の対象は物質全般ですから，強酸や強塩基のような極端なものばかりでなく，皆さんが日々呼吸する空気や摂取する食べ物，衣服，身の回りにある様々な道具の材料など，多くの無害で有用な物質もすべて化学の対象です．さらには，我々自身も原子の複雑な集合体ですから，化学の対象にほかなりません．そのような等身大の"化学観"を身につけてもらうことが，本科目の最大の目的であり，我々の願いです．そのために本書ではなるべく，それぞれの章で学ぶ一般論や概念のあとに，身の回りの例を挙げるようにしています．

　一方で，身の回りの例をストーリーの中心に据えて，化学的知識を散りばめるというスタイルは採用しませんでした．このスタイルは，確かに化学があちこちに関係していて面白そうだなと思ってもらうには最良の

方法ですが，散りばめられた化学的知識の間の関係を読者が読み取るのは至難の業です．蘊蓄に留まらない応用の効く知識とは"構造化された知識"のはずです．とくに化学の場合には，化学がどのように構成されているかという"化学の構造"を意識しながら学ぶことが重要です．化学は大きく構造論と反応論からなっていますが，前者の基礎は量子力学にあり，後者の基礎は熱力学にあります．また，原子や分子は荷電粒子の集合体ですから，電磁気学も少なからず関係があります．このように考えると，化学の複雑な成り立ちが見えてきます．一般に化学で扱われるのは，この世界を作る物質の微視的な構造，そして構造に起因してそれらが示す物性，さらにはそれらの示す反応に関する知識ですが，それぞれの背景には，物理学の諸分野のロジックがあるわけです．化学は物理に比べて簡単だと考える人もいると思いますが，物質の多様性をそのまま受け止めつつ，それらの差異をきちんとしたロジックで理解しようと思えば，基礎的な物理の知識の運用が必要ですから，それはなかなか大変なことです．このことはぜひ，肝に銘じておいてください．本書を開いたときに世の中の「化学入門」の本よりも難しそうだなという印象があったとすれば，それは上記のような事情を踏まえて，そのロジックをなるべく疎かにしないように書かれているからだと理解して下さればと思います．

　ところで化学の醍醐味はやはり，分子という存在の多様性と，それらが示すさまざまな性質の面白さにあると言えるでしょう．その代表例は，"生命の化学"にその起源を持つ有機化学，炭素化合物の化学の世界です．炭素化合物はまさに，食べ物や我々の体，染料や香料そして薬など，ありとあらゆる形で我々に関係しています．このような豊穣な化学の世界を紹介するにあたり，有機化学の専門家である東京工業大学の鈴木啓介

教授に主任講師として加わっていただきました．有機化学の世界は豊穣であるがゆえに初学者には散漫に見えてしまうのが常ですが，化学にもロジックがあり，それが多様な現象を結びつける縦糸になっているということを学生時代の筆者にご教授下さったのが鈴木先生です．ロジックを疎かにすることなく化学の多様な世界を紹介したい，このように考えたとき，鈴木先生のご助力は欠かせないものでした．この場を借りて改めてご助力に感謝したいと思います．

　放送教材では，ご家庭にあるものでできる比較的安全な実験について紹介しています．それらを真似て，実際に物質と対話をしてみることもよいことだと思います．また，ロケ映像ではさまざまな材料（染料，香料，鉄など）についての化学を紹介しますが，いにしえの人々がそれらを化学的に正しく扱っていたことには，きっと驚嘆されることでしょう．印刷教材と放送教材の両者を活用していただくことで理解が一層深まることと信じています．両教材の作成にあたり，以下の方々にはひとかたならぬお世話をいただきました．改めてここに感謝します．
　印刷教材：長谷川 洋平
　放送教材：黒田 有彩，小笹 浩，園田 真由美，秀島 未来，堀 佐和子

　また，徳島大学名誉教授の楠見武徳先生には，草稿に対して有益なご助言をいただきましたことを感謝いたします．

2018 年 3 月
著者を代表して　安池 智一

目次

まえがき　3

1　化学の世界　　　安池智一　15

1.1　化学を通してみる世界　15
 1.1.1　生命活動と化学　16
 1.1.2　洗浄と漂白，混ぜるな危険　19
 1.1.3　本科目の目的　21
1.2　物質の構成　22
 1.2.1　純物質と混合物　22
 1.2.2　蒸留　23
 1.2.3　晶析（結晶化）　25
 1.2.4　抽出　25
 1.2.5　単体と化合物　26
 1.2.6　単体の分離　26
1.3　原子分子概念の成立　28
 1.3.1　近代化学の端緒　28
 1.3.2　近代化学の成立　29
 1.3.3　質量保存の法則　29
 1.3.4　定比例の法則　30
 1.3.5　倍数比例の法則　31
 1.3.6　アボガドロの仮説　32
 1.3.7　原子量，分子量とモル質量　33
 1.3.8　化学哲学の新体系　33

2 原子の構造と周期表　　｜ 安池智一　35

- 2.1 原　子　35
  - 2.1.1 原子の構成要素　35
  - 2.1.2 同位体　37
- 2.2 原子の電子構造　38
  - 2.2.1 粒子の波動性　38
  - 2.2.2 原子軌道　40
  - 2.2.3 多電子原子の電子配置　42
- 2.3 周期表　44
  - 2.3.1 原子の電子構造と周期表　44
  - 2.3.2 原子番号の関数としての元素の性質　46
  - 2.3.3 電気陰性度　48

3 化学結合はどのように生じるか　　｜ 安池智一　50

- 3.1 原子価　50
  - 3.1.1 非極性分子の原子価　50
  - 3.1.2 極性分子の原子価　51
- 3.2 ルイスの結合論　52
  - 3.2.1 貴ガス電子構造の安定性　52
  - 3.2.2 共有結合　53
  - 3.2.3 イオン結合　54
- 3.3 分子軌道　55
  - 3.3.1 共有結合　55
  - 3.3.2 イオン結合　57
  - 3.3.3 結合の極性と電気陰性度　59
- 3.4 多原子分子の結合と分子軌道　60
  - 3.4.1 分子全体に広がる正準軌道　60

3.4.2　局在化軌道　61

4　炭素化合物とその多様性　｜ 鈴木啓介　63

4.1　炭素化合物の化学　63
    4.1.1　生命現象を支える化合物　63
    4.1.2　炭素原子の特徴：多様性の起源　64
    4.1.3　炭素化合物の多様性をかいまみる　67

4.2　炭素化合物の結合論　69
    4.2.1　原子価4の謎と混成軌道　69
    4.2.2　sp混成軌道　71
    4.2.3　sp^2混成軌道　73
    4.2.4　sp^3混成軌道　74
    4.2.5　軌道混成と炭素化合物の多様性　76

5　分子間力と高次構造の形成　｜ 安池智一　77

5.1　分子間力　77
    5.1.1　分子内の電荷分布　78
    5.1.2　電気双極子　79
    5.1.3　誘起双極子　79
    5.1.4　分子間の相互作用　80
    5.1.5　ファンデルワールス力　83
    5.1.6　分子間力が決める物質の性質　85

5.2　水素結合　87
    5.2.1　HFの異常性　87
    5.2.2　水素結合　89
    5.2.3　水の特異な性質　90

5.3　分子の高次構造　91
    5.3.1　両親媒性分子が作る高次構造　92

5.3.2 たんぱく質の階層的な構造　93

6 光と分子：分子構造と機能1 | 安池智一　95

6.1 分子に色がある理由　95
　6.1.1 波としての光　95
　6.1.2 粒子としての光　97
　6.1.3 光と分子の相互作用　98
6.2 色を担う分子　100
　6.2.1 インジゴ　100
　6.2.2 アリザリン　102
　6.2.3 花の色　102
6.3 色を担う構造　104
　6.3.1 π共役系　104
　6.3.2 1次元の箱の中の粒子とレチナール　106
　6.3.3 色素の化学合成　107

7 人と分子：分子構造と機能2 | 鈴木啓介　109

7.1 分子の立体構造　109
　7.1.1 分子構造を示すいくつかの方法　110
　7.1.2 異性体　112
　7.1.3 立体異性体　114
　7.1.4 立体配座　118
7.2 生体内における分子認識　121
　7.2.1 生体反応における「鍵と鍵穴」　121
　7.2.2 受容体　123
7.3 味と匂い　125
　7.3.1 うま味と甘味——分子認識の選択性　125
　7.3.2 匂い分子　126

7.4 薬と分子認識　128

8 物質の三態：氷と水と水蒸気 | 安池智一　130

8.1 物質の三態　130
　8.1.1 氷と水と水蒸気　130
　8.1.2 状態変化と出入りする熱　131
　8.1.3 気体の法則　132
8.2 気体の状態方程式　135
　8.2.1 理想気体の状態方程式　135
　8.2.2 気体の分子量　136
　8.2.3 実在気体の状態方程式　136
　8.2.4 ファンデルワールスの状態方程式に潜む状態変化　138
　8.2.5 状態図　141
8.3 身の回りの状態変化　142
　8.3.1 圧力による沸点の変化　142
　8.3.2 液化天然ガスと液化石油ガス　142

9 溶液とその性質 | 安池智一　144

9.1 溶体とその組成　144
　9.1.1 さまざまな溶体　144
　9.1.2 組成の表し方　146
9.2 溶体における溶質の溶解　147
　9.2.1 気体溶体における溶解　147
　9.2.2 溶液における溶解と極性　148
　9.2.3 溶液への溶解度の温度変化　150
　9.2.4 溶液への溶解度の圧力変化　151
9.3 溶液の性質　152
　9.3.1 溶液の示す蒸気圧　152

  9.3.2　沸点図　154
  9.3.3　分留　154
  9.3.4　沸点上昇・凝固点降下　155
  9.3.5　身の回りの沸点上昇と凝固点降下　156

10　化学反応と熱の出入り　　｜安池智一　158

 10.1　化学反応における量的関係　158
  10.1.1　化学反応式　158
  10.1.2　化学量論計算　159
  10.1.3　化学量論からみた燃焼反応　160
 10.2　状態変化と熱　162
  10.2.1　仕事と熱　162
  10.2.2　熱力学第一法則　164
  10.2.3　反応熱とエンタルピー　166
  10.2.4　発熱反応と吸熱反応　167
  10.2.5　$\Delta_r H$ と $\Delta_r U$　168
  10.2.6　ヘスの法則　169
  10.2.7　標準生成エンタルピーと反応熱　169
 10.3　燃料の熱化学　171
  10.3.1　燃料効率　171
  10.3.2　CO_2 排出量　172

11　化学変化の方向と速度　　｜安池智一　175

 11.1　化学平衡　175
  11.1.1　自発的変化の向き　175
  11.1.2　エントロピー　176
  11.1.3　等温等圧における平衡条件　178
  11.1.4　ギブズエネルギー変化で反応をつかむ　179

11.2 平衡定数　181
　11.2.1 化学ポテンシャル　181
　11.2.2 理想気体の化学ポテンシャル　182
　11.2.3 平衡定数とギブズエネルギー変化　184
11.3 反応速度　186
　11.3.1 反応速度と速度式　186
　11.3.2 1次反応と年代測定　187
　11.3.3 アレニウスの式と活性化エネルギー　188

12 酸塩基　｜安池智一　191

12.1 酸塩基とは　191
　12.1.1 酸塩基概念の発達　191
　12.1.2 アレニウスの電離説　193
　12.1.3 水素イオン指数と水溶液の液性　194
12.2 ブレンステッド・ローリーの酸塩基　196
　12.2.1 プロトンの授受としての酸塩基反応　196
　12.2.2 酸塩基の共役関係　197
　12.2.3 酸塩基の強度　197
　12.2.4 pK_a で分かる酸塩基反応の向き　200
　12.2.5 pK_a と pH　201
12.3 身の回りの酸塩基反応　202
　12.3.1 雨水の pH と酸性雨　202
　12.3.2 石鹸の化学　203

13 酸化還元　｜安池智一　206

13.1 酸化還元とは　206
　13.1.1 燃焼反応と酸化還元の定義　206
　13.1.2 電子の授受による酸化還元の定義　208

13.1.3 酸化数　209
13.2 酸化還元反応と標準電極電位　211
　13.2.1 酸化還元反応と半反応　211
　13.2.2 酸化還元反応平衡定数の電気化学測定　212
　13.2.3 標準電極電位による反応の予測　215
13.3 身の回りの酸化還元反応　218
　13.3.1 身の回りの酸化剤とその強さ　218
　13.3.2 ブリキとトタン　219
　13.3.3 古代中国の湿式精錬　220

14　分子をつくる1：官能基に注目しよう
鈴木啓介　222

14.1 はじめに　222
14.2 電子の矢印　222
14.3 結合の分極　223
14.4 官能基ってなに？　226
14.5 酸化と還元　231
14.6 酸化反応　234
14.7 還元反応　235

15　分子をつくる2：基本骨格を構築する
鈴木啓介　238

15.1 有機化学反応の分類　238
15.2 脂肪族求核置換反応（置換反応の例）　239
15.3 付加反応　242
　15.3.1 カルボニル化合物に対する求核付加反応　242
　15.3.2 アルケンに対する求電子付加反応　244
15.4 脂肪族ハロゲン化物のE2反応（脱離反応の例）　246

15.5 複数の素反応の組み合わせ　247
　15.5.1 芳香族化合物の求電子置換反応　247
　15.5.2 カルボン酸誘導体の求核置換反応　252
15.6 有機化合物の基本骨格　257
15.7 炭素-炭素結合を作る　257
　15.7.1 カルボアニオンの生成1　259
　15.7.2 カルボアニオンの生成2　261

索引　264

写真提供　ユニフォトプレス

1 化学の世界

安池智一

《目標＆ポイント》　化学の世界への導入として，化学に関連する身近な現象を紹介し，化学の成立過程を概観する．原子や分子の概念がいかに成立しその実在性がいかに確かめられたかについて学び，現代的な物質認識の基礎を築く．
《キーワード》　人類と物質の関わり，化学の起源，混合物，純物質，単体，化合物，元素，原子分子概念の確立

1.1　化学を通してみる世界

　化学と聞いてイメージされるのは，やはり分子式や構造式だろうか．どうやら数式に負けず劣らず，これらの化学式が苦手だという人は多いらしい．数式も化学式も，日常言語で表現すればもっともっと複雑になる事柄を，一定のルールに従ってコンパクトに表現する便利な道具だ．ただし，そこに圧縮されている情報が多いということは，便利な反面，とっつきにくいというのも事実であろう．ただ，この見かけの難しさに多くの人が化学を避けているとしたら，それは大変もったいないことだ．身の回りには物質が溢れており，それらには大抵多かれ少なかれ化学が関係している．何気なく暮らしていても，其処此処に分子はウロウロしている．化学の目で見ると，我々は生きているだけですごいということが分かるし，身の回りのさまざまなことが不思議に見えてくる．認識はある人の世界を変貌させる．まず最初に，その一端を以下の2つの例を通じて感じてもらいたい．早速構造式が多数出てくるが，現時点ではいか

にも化学だなという印象が残れば十分だ．

1.1.1 生命活動と化学

我々が生きていくには，呼吸をし，食事をすることが必須である．呼吸では O_2 を，食事では主に**炭水化物，脂質，たんぱく質**（いわゆる三大栄養素）を摂取する．これらはいずれも化学の主な対象となる分子性の物質である．三大栄養素の代表例を化学構造式で表したものが図 1.1 である．

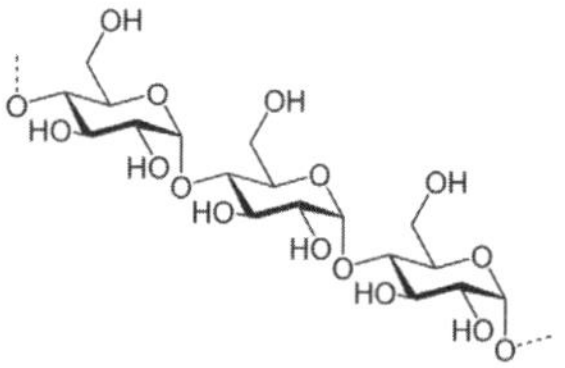

炭水化物

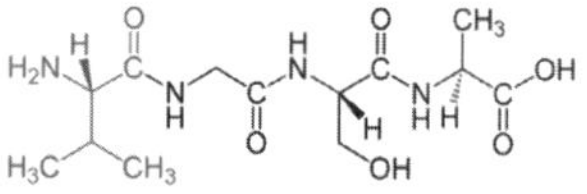

たんぱく質（ペプチド）

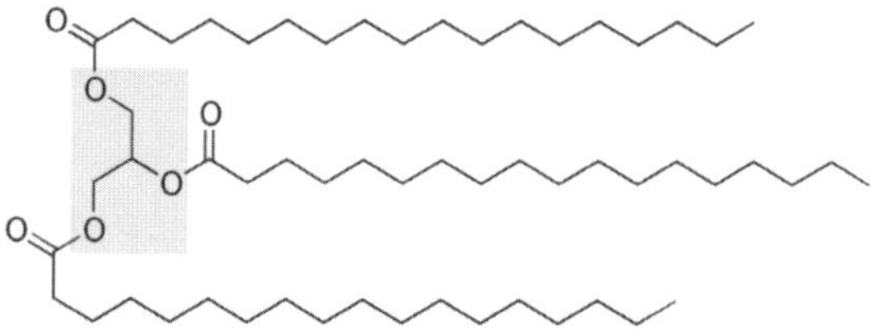

脂質

図 1.1 三大栄養素に属する分子の例

炭水化物とは一般にグルコース（$C_6H_{12}O_6$）などの糖からなる分子である．図 1.1 に示したのは澱粉の主成分であるアミロースであるが，繰り返し構造を持っていることが分かる．この繰り返し単位に相当する部

分はグルコースから H_2O を引いた組成になっている．つまり，グルコースは**高分子**となる際に，それぞれの糖の $-OH$ のところで

$$R_1-OH \cdots HO-R_2 \longrightarrow R_1-O-R_2 + H_2O \tag{1.1}$$

のように水が抜けて結合を形成しているということだ．この過程を**脱水縮合**と呼ぶ．アミロースが摂取されると，アミラーゼと呼ばれる**酵素**によって上記の逆反応が起こり，グルコースに分解される．この逆反応は**加水分解**と呼ばれ，水だけではほとんど進行しないが，酵素の働きによってその速度は飛躍的に増大する．生体内にはこうして得られたグルコースを代謝してエネルギーを産生する解糖系・呼吸鎖と呼ばれる回路が存在し，肺から得た O_2 を使って全体として

$$C_6H_{12}O_6 + 6\,O_2 \longrightarrow 6\,CO_2 + 6\,H_2O \tag{1.2}$$

のように表される**酸化反応**に伴って発生するエネルギーを，アデノシン3リン酸 (adenosine triphosphate, ATP) の形で保持する．

　脂質にも色々あるが，代表的な脂質として図 1.1 にはステアリンを挙げた．ステアリンはグリセロール $(CH_2OH)_2CHOH$ と 3 つのステアリン酸 $C_{17}H_{35}COOH$ が脱水縮合によって生じるトリグリセリドである（図 1.1 の灰色で示された部分がグリセロールの骨格部分）．中性脂肪のほとんどはこのようなトリグリセリドである．脂質はまず，ステアリン酸のような脂肪酸に分解されて代謝経路に入る．ステアリン酸を例にとれば，この場合にも全体として

$$C_{17}H_{35}COOH + 26\,O_2 \longrightarrow 18\,CO_2 + 18\,H_2O \tag{1.3}$$

の酸化反応が進行し，反応に伴って発生するエネルギーは ATP の形で蓄えられる．炭水化物や脂質の代謝で生じた ATP はその後，体内の様々な活動に利用される．

化学反応に伴うエネルギーの出入りについては第 10 章で扱うが，これらの反応が実質的に**燃焼反応**と同じで，生成物が炭素と水素の安定な酸化物である CO_2 と H_2O であることに注目すると，生成物の方が安定で，反応に伴ってエネルギーが発生することは想像できるであろう．生体内において上記の反応は，**酵素**の働きによって燃焼よりもずっと穏やかな条件において多段階で進行するが，本質的には同じ反応とみなすことができる．したがって，

"エネルギー源としてガソリン 50 L とご飯何杯分が等価であるか"

という一見荒唐無稽な比較も可能となる．クルマとあなたはどちらが効率的だろうか．

たんぱく質はアミノ酸からなる生体高分子である．アミノ酸は一般に $-NH_2$ と $-COOH$ を持っており，他のアミノ酸との間で

のように脱水縮合をして高分子化する．図 1.1 に示したのは 4 つのアミノ酸からなるペプチドである．ペプチドはひも状の分子で不定形であるが，ある程度以上大きくなると安定な立体構造をとるようになる．安定な立体構造をもつポリペプチドをたんぱく質と呼ぶことが多い．たんぱく質は摂取後にアミノ酸，もしくはポリペプチドに分解され，酵素をはじめとする生体内で必要なたんぱく質合成の原料として利用される．生体内でさまざまな反応を触媒する酵素もたんぱく質でできている．このように，生命活動の基盤に分子や化学反応は深く関与している．

1.1.2 洗浄と漂白，混ぜるな危険

　日常生活においていかにも化学に関係していそうな例としては，洗剤や漂白剤を挙げることができるだろう．用途に応じてその種類もさまざまで，中には「混ぜるな危険」の組み合わせも存在する．最近では重曹やセスキ炭酸ソーダ，クエン酸を洗剤代わりに使うというライフハックも彼方此方で紹介されている．色々あって訳が分からない！という人も，化学を学べば，適材適所でそれらを使えるようになる．

　洗浄と漂白は両方とも汚れたものが綺麗になるという意味で，一見似たような現象に思えるかもしれない．あるいはこんな風に思うのは，家庭でこれらを家族に任せっきりの人だけだろうか．普段から自分でやっている人にとっては，洗剤と漂白剤は匂いからしてまったく違うし，それらが異なる化学的な作用であることはある程度予想がつくのかもしれない．実は，洗浄と漂白にはそれぞれ，化学反応の最も大事な2つの典型的な型である**酸塩基反応**と**酸化還元反応**が関連している．

　洗剤と漂白剤のうち古くからあるのは洗剤で，紀元前2000年にはすでにシュメール人は石鹸の製法を知っていたという．石鹸は油脂とアルカリを混ぜて作られるものであるが，油脂とは先ほどのステアリンのようなものである．アルカリ水溶液中でステアリンの加水分解は促進され，ステアリン酸イオン $C_{17}H_{35}COO^-$ となって存在する．「水とあぶら」という言葉があるが，長い鎖状の $C_{17}H_{35}$ の部分は油脂，COO^- は水と類似した性質を持っており，それぞれ油脂および水と親和性が強い．つまりステアリン酸イオンは油脂にも水にも親和性を持ち，このような性質を**両親媒性**と呼ぶ．多くの汚れは油脂汚れであるから，ステアリン酸イオンの炭素鎖部を内側にして汚れを取り囲み，外側に COO^- 端を向けることによって全体として水溶性として油脂汚れを水に可溶とする．つまりゴシゴシこすって衣服などから物理的に剥がした汚れを水中に溶か

してすすぐことにより，洗浄を行うことができる．

アルカリ単独でも，汚れに含まれる油脂と混ざることによって同様の効果が得られるから，重曹 $NaHCO_3$ やセスキ炭酸ソーダ $Na_2CO_3 \cdot NaHCO_3$ を使ってもよいということになる．このようにアルカリは油脂汚れを落とすのに有用であるが，一方で水垢やトイレの尿石除去には酸が有効である．これらの汚れは主に難溶性の炭酸カルシウム $CaCO_3$ であるが，例えば塩酸を加えると

$$CaCO_3 + 2\,HCl \longrightarrow CaCl_2 + H_2O + CO_2 \qquad (1.4)$$

のように溶解度の大きな $CaCl_2$ を生じて除去することが可能となる．トイレ用には 9.5％塩酸を主成分とする酸性洗浄剤が市販され広く用いられている．これらの洗浄剤の作用は第 5 章の分子間力，第 12 章で扱う酸塩基反応，第 15 章で扱うエステルの加水分解の知識を使うことで，そのしくみを正しく理解することができる [1]．

一方の漂白は，第 13 章で扱う酸化還元反応の利用である．例えば，塩素ガス Cl_2 が強力な酸化剤であることは聞いたことがあるかもしれない．水溶液中では形式的に

$$Cl_2 + H_2O \rightleftharpoons HCl + HClO \longrightarrow 2\,HCl + (O) \qquad (1.5)$$

となることで酸素原子を他の分子種に与え，酸化剤として働くことが分かる [2]．すでに糖や脂質の酸化で見たように，酸化によって有機物の酸化反応は最終的に無色かつ無味無臭の CO_2 と H_2O へと変換される（**酸**

---

[1] 逆に言えば，身の回りの些細なことも，正しく理解しようと思えばさまざまなことが関係してくる．

[2] ただし，実際に水溶液中で中性の酸素原子が発生しているわけではないので (O) と書いている．これを発生期の酸素と呼ぶ風習もあるが，あくまでも形式的なものであることに注意したい．第 13 章ではより正しい観点から酸化力を議論する．

化分解)．このように強い酸化剤は有機物を分解できるため，漂白剤としてだけでなく，カビ取り剤としても利用される．なお，広く用いられる塩素系漂白剤・カビ取り剤は，水酸化ナトリウム水溶液に塩素ガスを通じて得られる次亜塩素酸ナトリウム (NaClO) 溶液で，

$$\text{NaClO} + \text{H}_2\text{O} \longrightarrow \text{NaOH} + \text{HClO} \longrightarrow \text{NaCl} + \text{H}_2\text{O} + (\text{O}) \quad (1.6)$$

によって酸化能を示す．これは塩素系漂白剤として市販されているものである．

さきほども少し触れたように「混ぜるな危険」とされている組み合わせが存在することはご存知であろう．これは今見た塩素系漂白剤と酸性洗浄剤の組み合わせで

$$\text{HClO} + \text{HCl} \rightleftharpoons \text{Cl}_2 + \text{H}_2\text{O} \quad (1.7)$$

のように塩素ガスが発生することによる．くれぐれもご注意されたい．

1.1.3 本科目の目的

以上 2 例だけではまだまだピンとこないかもしれないが，実に多くのことが化学の視点でみると明快に理解できたり，また不思議に思えたりしてくる．青銅器や鉄器，陶器や磁器，ガラスの製造，木綿や絹の加工，染料と染色技法などなど，古来人類が行ってきた様々な営みには化学が関係しているし，そもそも我々自身も物質として，高度に組織された分子の集合体として存在している．そのように考えてみると，化学の領域に広がる地平がいかに広大であるかイメージできるであろう．

一方で，あまりにも扱う範囲が広いということは，初学者の困惑を招くことも事実である．また，確かに個々の事象は面白いとしても，雑多な知識の集合体のように感じる人もいるようだ．しかしながら，化学の

体系はいまや，これらの広大な領域を少数の原理でまとめあげるロジックを備えている．多様で興味深い現象の前にするとそのことはつい忘れがちであるし，ある種，それぞれのトピックを暗記してしまった方が楽に感じられることもあるかもしれない．しかし，やはりそうではなくて，常に他の事象とはどう関係しているか，どのような立場で見れば統一的に議論できるのかを意識しながら，学問体系としての化学を身につけてほしいと考える．この科目の目標は，そのための基礎固めである．

1.2 物質の構成

1.2.1 純物質と混合物

まず第一に大事なのは，議論の対象を明確にすることだ（図1.2）．身の回りには様々な物質があるが，多くのものは複数の純物質からなる**混合物**である．我々が日常的に吸っている空気は主に N_2, O_2, Ar, CO_2, H_2O

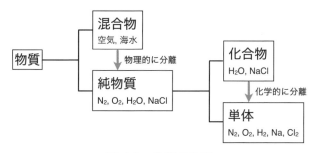

図 1.2 物質の分類

からなる混合気体であるし，海水は NaCl の他にも $MgCl_2$, $MgSO_4$, $CaSO_4$, KCl などの塩類を含む水溶液である．ここで混合物の構成成分として挙げたものが**純物質**であり，それぞれ**固有の物理的性質**（沸点，融点，溶解度など）を持っている．そして，混合物を純物質に分離するに

は，それらの違いを利用すればよい．

1.2.2 蒸留

　沸点の違いを利用して混合物の分離を行うのが**蒸留**である．食塩水を例に考えると，水の沸点は 1 気圧で 100 °C，食塩の沸点は 1413 °C である．100 °C 付近の温度で沸騰する食塩水から出る蒸気はほぼ純粋な水蒸気であるから，これを集めて冷却すれば液化して，ほぼ純粋な水である蒸留水が得られる．より複雑な組成を持つ海水の場合でも，塩類の沸点はいずれも水に比べて極めて高いから，蒸留によって純度の高い水を得ることができる．次に，沸点が近い 2 つの純物質 X, Y の混合物の蒸留を考えてみよう．このときに便利なのが沸点図（図 1.3）である．図中の上の曲線は気相線，下の曲線は液相線と呼ばれる．気相線よりも上の領域で系は気相にあり，液相線より下の領域では液相にある．両者の間の領域では気相と液相が共存する．これをどのようにして描くかは第 9 章で説明することとして，まず図の読み方を押さえてみよう．組成 S の溶液の加熱を考える．系の温度が上がって点 A に達したとき，溶液は沸騰を始める．このとき生じる蒸気の組成は点 A′ で与えられることに注意．つまり，元の組成 S に比べて沸点のより低い成分 X が増えている．このように，2 つの物質の沸点が近い場合には，蒸気を冷やして得られる液体は，純物質とみなすには高沸点成分 Y が多いものとなる．ただし，得られた液体を点 B において再沸騰させれば，その蒸気の組成は点 B′ で与えられ，さらなる精製が可能となる．このような操作を繰り返すことで低沸点成分を留出させることができる．これを**分留**と呼ぶ．

　空気から構成成分の窒素と酸素を分けたいときにも，今の議論は応用できる．簡単のため空気は窒素と酸素からなるとする．窒素と酸素の沸点はそれぞれ −196 および −183 °C であるから，図 1.3 の横軸で右にい

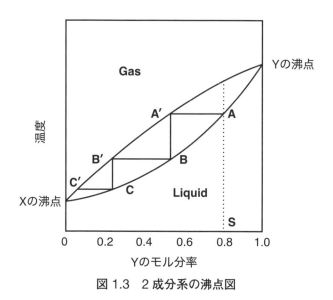

図 1.3 2 成分系の沸点図

くほど酸素が多いと考えればよい．スタート地点は高沸点成分の割合が2割程度の気相領域となる．つまり，B' の上の辺りに相当する．温度を下げて気相線にぶつかったところで液化が始まり，その温度での液相線の点が生じる液体の組成を与える．図をみれば高沸点成分の割合が増えることが分かるであろう．この場合にも分留をすれば，純粋な液体酸素を得ることが可能である．

ところで，工場が近くにある人や工場建造物をこよなく愛する人は，かなりの割合で普段から蒸留装置を目にしているのに気がついているだろうか．石油化学コンビナートに林立する図 1.4 のような塔は，蒸留装置であり，様々な炭化水素の混合物である**原油**を沸点の違う成分に分けている．

図 1.4 蒸留塔

1.2.3 晶析（結晶化）

　液体から固体への変化でも分離をすることができる．例えば，食塩水を常温で放置しておくと，自然に水は蒸発して NaCl の結晶が生じる．純物質にはそれぞれ固有の溶解度があり，この場合には水の蒸発によって溶液濃度が溶解度を超えたために塩が結晶として析出したのである．これを**晶析**（結晶化）と呼ぶ．どのような結晶が生じるかは系や条件によるが，結晶は通常，純物質であり，結晶をうまくつくってやれば分離精製の手段として利用できる．例えば，物質の溶解度が強く温度に依存する場合には，不純物を含む粉末を何らかの加熱した溶媒に溶かしたのち，冷却することで結晶を生じる．こうした精製法を**再結晶**と呼ぶ．

1.2.4 抽出

　溶媒による溶解度の違いを利用して，物質のある成分を分ける操作は**抽出**と呼ばれる．水と油のような互いに混じり合わない溶媒に，分析対象の混合物を混合して静置すると，物質はそれぞれの溶媒への溶解度に応

じてそれぞれの相に移動するため，分離が可能となる．固体と液体の間で同様なことを考えることもできる．例えばコーヒーを淹れるというのは，挽いたコーヒー豆に存在する水溶性の物質をお湯に抽出する作業に他ならない．

1.2.5 単体と化合物

なんらかの分離精製ののちに得られた純物質のなかには，単一の元素からなるものと複数の元素からなるものが存在する．単一の元素からなる純物質を**単体**，複数の元素からなる純物質を**化合物**と呼ぶ．例えば，N_2，O_2 などは単体，CO_2，H_2O，$NaCl$ などは化合物である．原子や分子の概念を受け入れた我々にとって，混合物と化合物の違いは明確であるが，そのような微視的存在が確立する以前を想像すると，これらを区別するということがいかに難しくまた本質的であるということが分かるであろう．

1.2.6 単体の分離

化合物から構成成分である複数の元素単体を得るにはどうしたらよいであろうか．化合物も純物質であるから，これまでに見てきた物理的な分離手法でこれをさらに分けることはできない．つまり，この場合には何らかの化学変化が必要となる．例えばこれは，鉱物から単体金属を得ることに対応するわけであるが，人類は古くより意識することなくこの操作を行ってきた．

一般に銅は酸化物や硫化物として産出するが，例えば，赤銅鉱 Cu_2O を木炭と熱することによって銅の単体を得ることができる．赤銅鉱は炭素の単体である木炭の燃焼 $C + \frac{1}{2}O_2 \longrightarrow CO$ によって生じた CO と

$$Cu_2O + CO \longrightarrow 2\,Cu + CO_2 \qquad (1.8)$$

のように反応する．つまり，赤銅鉱 Cu_2O は**還元**されて，銅の単体となる．銅は柔らかいため道具を作るには向かなかったが，錫 Sn との合金，すなわち**青銅**とすることで融点を下げ，より硬くして，斧・剣・壺などに広く利用された．錫の比率によって黄金色や白銀色の金属光沢を呈することから装飾具への利用も盛んであり，東アジアでは銅鏡としても用いられた．

　銅よりも地球上に普く存在し安価に入手できるのは鉄 Fe である．鉄も隕鉄を除けば基本的には酸化物や硫化物などの酸化体として産出する．例えば磁鉄鉱 Fe_3O_4 はやはり木炭と熱することで

$$Fe_3O_4 + CO \longrightarrow 3\,FeO + CO_2 \qquad (1.9)$$

$$FeO + CO \longrightarrow Fe + CO_2 \qquad (1.10)$$

の反応が起こるから，これによって単体の鉄を得ることが可能である．鉄の強度は青銅に比べて大きく勝り，武器や農具の作成に鉄を用いることができた文明は大きく栄えた．

　このように，鉱物から金属単体を得るという操作は化学変化に他ならず，この精錬技術の系譜のなかから錬金術が生まれたことは必然である．さらに錬金術の系譜のなかで，新しい物質や物質に働きかける様々な操作が発見されていき，科学革命の時代を経て近代化学が成立することとなる．

1.3 原子分子概念の成立

1.3.1 近代化学の端緒

近代化学の端緒を開いたのは R. Boyle (1627–1691) である．彼は G. Galilei (1561–1626) や R. Descartes (1596–1650) が占星術から神秘主義を排し，天体の運動を質点の運動論として体系化しつつあることに影響を受け，自らの興味の対象であった錬金術でも同様に，神秘主義を排して自然哲学として取り扱うべきであることを主張した．例えば彼は

"私は化学的哲学を自分の実験と観察によって完成しようと希望して，そのための計画を描いた．人間は自分の狭い利害以上に科学の進歩ということを心がけなければならない．人間が実験を行い，観察を集め，問題となる現象をあらかじめ試験したうえでなければ，いかなる理論も立てないようにするとき，それは世の中に対して，最大の奉仕となるであろう．"

と述べているが，これは Descartes の「疑い得ない明証的なものから理性によって演繹したものを真理とする」という考え方の影響を色濃く受けている．そして彼は R. Hooke (1635–1703) の助力のもとに，気体の圧力 P と体積 V の積が一定であることを実験的に示した．圧力に応じて体積が減少することは，気体が物質と真空からなるという**原子論**を支持する結果である．長らく錬金術の思想的背景を支えたアリストテレス自然学では，空虚が存在するはずがないことを理由に原子論は退けられていたが，Boyle 以降，物質の性質は原子とその離散集合の結果として理解されるべきであるということが決定づけられた．

Boyle はそれ以上分解することのできない物質を究極的な成分——すなわち今日の意味での元素と定義し，元素の集合形態について機械的な混合と化合の2種類があることを指摘した．そして化合の特徴として，

成分の諸性質が消滅することを挙げているが，よく考えられた判定法であると言える．原子論に基づくとどのようなことが考えられ，それがどのような目に見える現象として現れるかを考える，このような化学的態度の開拓者が Boyle である．

1.3.2 近代化学の成立

　原子論の立場に立ったとき，身の回りの物質がどのような元素の集合体であるのかを知ることが基本となる．その際，含まれる元素種の特定だけでは不十分で，それらがどのような比率で含まれているかが決定的に重要だ．つまり，正確な秤量によって化学変化における量的関係を掴むことが重要であり，事実それが広く行われるようになった 18 世紀に「質量保存の法則」「定比例の法則」「倍数比例の法則」が確立されて，近代化学は成立した．

1.3.3 質量保存の法則

　A.-L. de Lavoisier (1743–1794) は，正確な秤量によって以下を示した．

---**質量保存の法則（1774 年）**---
化学変化の前後で総質量は保存する．

　彼がこれを示すに至った経緯には，パリの水道の水質検査法が関係している．水を蒸発させて残った固形成分が調べられていたのであるが，背景には水は土に転化しうるという錬金術以来の考えがあった．これはアリストテレスの四元素説に端を発する．これは

"形相も性質も持たない純粋な第一質料に「熱・冷」「湿・乾」のうちの 2 つの性質が加わることで「火・空気・水・土」の四元素が現れる"

と言うもので，これに従うと「冷・湿」からなる水は「湿⇒乾」の変化によって「冷・乾」からなる土に転化すると考えることができる．Boyle が出て 100 年経ってもなお，錬金術からの訣別は完結していなかった．

Lavoisier は蒸留水をガラス製のフラスコに入れて秤量し，栓をして連続で煮沸を行った．これにより徐々に水は白濁し，土への転化への兆しを見せる．約 100 日後，煮沸を停止して内容物を取り出し，水を蒸発させて得られた固形物とフラスコをそれぞれ正確に秤量してみると，固形物の重量とフラスコの重量の変化分は正しく一致し，水が土に転化する証拠と思われた固形物が水由来ではなくフラスコ由来であることを証明した．このような反応前後の秤量を通じて Lavoisier は質量保存の法則を唱えたのである．反応前後の質量の保存は，化学変化を原子どうしの結合の組み替えと見る原子論と軌を一にする．

1.3.4 定比例の法則

J. L. Proust (1754–1826) によって提唱された定比例の法則とは次のようなものである．

> **定比例の法則（1799 年）**
>
> 化合物の構成元素の組成比は常に一定である．

彼は，天然に産する孔雀石 $CuCO_3 \cdot Cu(OH)_2$ と

$$2\,CuSO_4 + 2\,Na_2CO_3 + H_2O \longrightarrow CuCO_3 \cdot Cu(OH)_2 + CO_2 + 2\,Na_2SO_4 \tag{1.11}$$

の反応で人工的につくられる塩基性炭酸銅 $CuCO_3 \cdot Cu(OH)_2$ の組成が同じであることを，加熱反応

$$CuCO_3 \cdot Cu(OH)_2 \xrightarrow{\Delta} 2\,CuO + CO_2 + H_2O \tag{1.12}$$

を通じて示した．加熱前の試料および加熱後の固体 CuO を秤量し，その比がいずれの場合も同一であることを示すのである．日本産のものとスペイン産のもので辰砂 HgS の組成が一致することも彼は指摘している．

1.3.5 倍数比例の法則

近代化学の成立に寄与した 3 つ目の法則は，J. Dalton (1766–1844) による次の法則である．

> **倍数比例の法則（1802 年）**
>
> 化合物における組成比は一般に簡単な整数比となる．

彼は，2 種類の炭化水素，メタン CH_4 とエチレン C_2H_4 の質量を決めるにあたり，一定量の炭素と化合する水素の量が，メタンの場合にはエチレンの 2 倍であることに気がついたのを発端として，様々な系について確かめ，この法則を提唱した．分子の原子組成と質量が分かれば，原子質量が定まる．原子組成が簡単な整数比であるとすれば，適当な組成式を仮定することで原子質量の推測が可能となる．表 1.1 には Dalton が定めた水素原子を 1 としたときの**相対原子質量**を示した．なお，比較のために現代の原子量を示してある[3]が，必ずしもその対応はよくない．彼の誤謬は，実験で得られた組成式がそのまま分子式であると考えた点にあった．

---

[3] 現代の原子量も式 (1.14) の m_u を単位とした相対原子質量であり，単位がないことに注意したい．これは Dalton 以来の表記法である．ただし，数値としてはモル質量（1 mol あたりの質量, g）と同一である．

表 1.1 Dalton の推定した原子量

元素	Dalton (1810)	Avogadro (1811)	現在
水素	1	1	1.00794
炭素	5.4	11.36	12.0107
窒素	5	13.24	14.0067
酸素	7	15.074	15.9994
リン	9	38	30.973761
硫黄	13	31.73	32.065

1.3.6 アボガドロの仮説

Dalton が原子量の推定に失敗したのは，仮定した**分子式**が間違っていたからである．例えば，エチレンの燃焼によって構成原子 C, H の比が 1:2 だと分かったとしても，対応する**組成式**である CH_2 はエチレンの分子式 C_2H_4 とは一致しない．つまり分子質量を与える独立の手段が必要なのである．表 1.1 でよい値を与えた C. A. Avogadro (1776–1856) は，次の仮説を提案した．

アボガドロの仮説（1811 年）

同温・同圧条件において，同体積の気体はその種類に関係なく同数の分子を含む．

彼は，この仮説を利用することで，実際の気体反応の結果から分子式を定めて原子質量の推定を行った．例えば水素ガス 1 L，塩素ガス 1 L から塩化水素ガスは 2 L 発生する．ここで上記の仮説を適用すれば，

$$H_2 + Cl_2 \longrightarrow 2\,HCl$$

のようにそれぞれのガスの分子式を仮定することで，実際に起こる反応の量的関係をうまく表現できる．つまり，水素や塩素の単体は二原子分

子であるということになる．

1.3.7 原子量，分子量とモル質量

身近な物質の質量は例えば g で表すと適度な桁数で表現される量であるが，ここには膨大な数の原子や分子が含まれている．そこで，原子や分子を数える単位として mol が導入された．1 mol の物質に含まれる粒子数を**アボガドロ定数**と呼び，その値は

$$N_\mathrm{A} = 6.022140857 \times 10^{23}\,\mathrm{mol}^{-1} \tag{1.13}$$

である．また，原子や分子 1 つあたりの質量を示すのに便利な質量の単位として，$m_\mathrm{u} \cdot N_\mathrm{A} = 1\,\mathrm{g}$ から導かれる

$$m_\mathrm{u} = 1.660539040 \times 10^{-27}\,\mathrm{kg} \equiv 1\,\mathrm{Da} \tag{1.14}$$

を用いる．Da は Dalton の名前に由来し，ダルトンと読む．また，同じ量を**統一原子質量単位** (unified atomic mass unit) の頭文字をとって 1 u と表示することもある[4]．原子量や分子量は，それぞれの質量の 1 Da に対する相対質量として定義されるため，それ自身は単位を持たない．一方で，その値自身は，1 mol あたりの質量すなわち**モル質量**を g で表したものに相当する．

1.3.8 化学哲学の新体系

具体的な原子量や組成式についての誤謬はあったものの，Dalton が 1808 年に刊行した『化学哲学の新体系』に提示された

1) 同じ種類の元素は元素ごとに固有の同一の原子量を持つ
2) 化合物は異なる原子が一定の割合で結合したものである

---

[4] 以前は 1 amu と呼んだが，現在は非推奨．

3) 反応において変化するのは結合の仕方で，原子の増減はない

という原子および分子の基本的なコンセプトは今も変わることがない．『化学哲学の新体系』を画期として近代化学は成立し，19世紀における化学は急激な進展を迎えることになった．

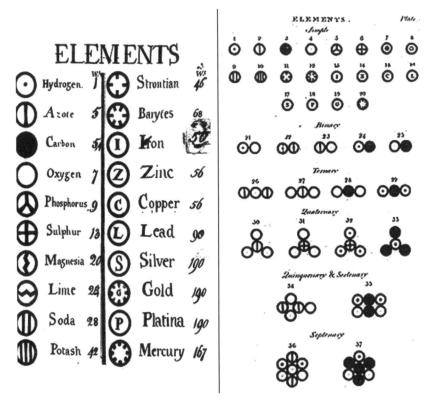

図1.5　Daltonの元素記号と分子組成式

2 原子の構造と周期表

安池智一

《目標＆ポイント》 原子は原子核とその正電荷に相当する数の電子からなる．原子内の電子が取りうる状態に関する規則を学び，この規則によって周期表が因って立つ基盤を理解する．このことを通じ，電子構造の理解が物質科学の基礎であることを学ぶ．
《キーワード》 原子軌道，構成原理，閉殻電子構造，電気陰性度

2.1 原　子

　Dalton の体系において，原子はそれ以上分解されず不変なものとして定義されていたが，実際にはさらに微小な粒子からなる複合粒子であるというのが現在の認識である．そうであるからこそ，118 種類もの元素が存在し，そしてそれぞれに個性を持つこととなるわけである．本章では，原子の構成要素について確認し，それぞれの元素がどのようにして異なる個性を生じるのかを電子構造の観点から明らかにする．

2.1.1 原子の構成要素

　一般に原子は，**原子核**と**電子**からなっており，原子核は**陽子**と**中性子**からなる．陽子は $+e$ の電荷を，電子は $-e$ の電荷を持つ．ここで e は**素電荷**で，

$$e = 1.6021766208 \times 10^{-19} \, \text{C} \tag{2.1}$$

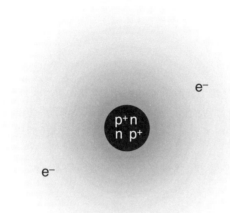

図 2.1 ヘリウム原子の構成要素

で与えられる．中性子は電荷を持たない．中性原子では，陽子数 Z と電子数 E は等しい．例えば図 2.1 に示したヘリウムの中性原子の場合も，陽子 2 つと中性子 2 つからなるヘリウム原子核の周りを 2 つの電子が運動しており，$Z = E$ が成立している．一方，中性子数 N にはそのような制限がなく複数の可能性がある．また，元素記号 X と一対一対応を持つのは原子番号であり，これは Z と等しい．

電子 (e)，陽子 (p) および中性子 (n) の質量は，

x	e	p	n
m_x	0.0005486 Da	1.0072765 Da	1.0086649 Da

であり，電子は陽子や中性子に比べて非常に軽く，原子の質量のほとん

どは原子核由来である．また，陽子と中性子の質量がほぼ 1 Da であることから，**質量数** A を

$$A \equiv Z + N \tag{2.2}$$

のように定義すれば，原子量の目安になる[1]．これらの構成成分の数を明示して原子を表すのに $^A_Z X$ のような記号を用いる．X と Z は本質的に同じ情報を含むから，$^A X$ と書いてもよい．これによって Z, N が指定される．また，$^A_Z X$ は全体が中性であることを意味していて，これにより E も判明する．一方，同じ元素のイオンを示したければこれに電荷を示す $+$ や $-$ を加えて $^A_Z X^+$ や $^A_Z X^-$ のように表せばよい．電子数は中性原子の電子数を E とすれば，それぞれ $E-1$, $E+1$ となる．

2.1.2 同位体

元素種を特徴づけるのは陽子数であり，電子数が異なっていてもそれは同じ元素のイオンということであった．ここで，中性子の数が異なるのが**同位体**である．同位体は，互いに重量が異なるだけで化学的な性質がほぼ同一であり，同一元素として扱われる．例えば，炭素には ^{12}C, ^{13}C の同位体があり，それぞれの存在比率と原子量は

核種	存在比率	原子量
^{12}C	98.93 %	12
^{13}C	1.07 %	13.0033548378

であり，通常，炭素の原子量として扱われる 12.0107 という値は

---

[1] 図 2.1 のヘリウム原子の例で言えば，$A = 2 + 2 = 4$ であり，原子量は 4.002602 とよく対応する．なお，このヘリウムの原子量は $2m_p + 2m_n + 2m_e$ よりも小さいことに注意したい．この減少分は質量欠損 Δm と呼ばれ，これらの粒子（ほとんどは陽子と中性子）が結合したときに解放されるエネルギー ΔE と $\Delta E = \Delta m \cdot c^2$ のような関係がある．

$$0.9893 \times 12 + 0.0107 \times 13.0033548378$$

として求めた平均値である．なお，^{12}C の原子量がちょうど 12 となっているのは，^{12}C が原子量の基準として 12 と定義されているからである．すなわち，元素の原子量はこの値に対する相対値となっている．

2.2 原子の電子構造

2.2.1 粒子の波動性

　花火が色とりどりの鮮やかな光を放つ原理は，**炎色反応**と同様，加熱された原子がそれぞれの元素に固有の色の光を放出することである．光は電磁波であり，原子は荷電粒子の集合体であるから，光を吸収すれば荷電粒子はその運動形態を変えるであろうし，逆に，荷電粒子の運動形態が変化すれば原子は光を放出してもよさそうだ．しかしながら，特定の色の光を放出するというところは自明ではない．古典力学によれば，粒子の運動形態は初期条件によって連続的に変化しうるからである．

　この謎は，電子のような粒子も波動性を持っていると考えると解決する．例えば，楽器は様々に音量や音色を変えることができる一方，その一つ一つの音程は弾き方によらず一定である．もちろんそうでなければ楽器とは呼び難い．この常に決まった音程は，楽器に必ず含まれる振動体に生じる波の性質による．ギターやピアノの場合にはそれは弦であり，両端が固定されている．このとき，継続して振動できる波は，両端が波の節と一致するようなものだけである．弦の長さを L とすると，波長 λ には

$$\lambda = \frac{2L}{n}; \ (n = 1, 2, 3, \ldots) \tag{2.3}$$

のような飛び飛びの値だけが許される．また，節の数は $n-1$ で与えられることが分かるであろう．

物質粒子の波動性を初めて議論したのは L. V. de Broglie (1892–1987) であり，彼は運動量 p を持つ粒子に付随する**物質波**の波長 λ が

$$\lambda = \frac{h}{p} \qquad (2.4)$$

であることを導いた．ここで h はプランク定数と呼ばれる定数で，その値は

$$h = 6.62607004 \times 10^{-34}\,\text{J}\cdot\text{s} \qquad (2.5)$$

である．プランク定数は著しく小さいので，運動量がそれに対応するほど小さくなってはじめて波長が長くなり波動性が顕著になる．電子は質量が小さいから波動性が顕在化しやすい．

　粒子の波動性は，エネルギーの離散性に現れる．式 (2.4) の関係を使えば，1 次元空間に閉じ込められた質量 m の粒子の取りうるエネルギーは

$$E_n = \frac{p^2}{2m} = \frac{n^2 h^2}{8mL^2} \qquad (2.6)$$

で与えられる．ここで n は整数であるから，エネルギーは離散的になる（この状況をエネルギーが量子化されたと呼ぶ）．分母に m があることから，その効果は質量の小さな粒子において顕著であることが分かる．粒子のエネルギーが量子化されることは古典力学とは相容れないことで，物質波の考え方に基づいた新しい力学体系が構築された．これを量子力学と呼ぶ．一般の物質波が満たすべき基礎方程式は，量子力学の建設者の一人，E. Schrödinger (1887–1961) によって導かれ，彼の名をとって**シュレーディンガー方程式**と呼ばれる．原子や分子の中の電子の運動は，シュレーディンガー方程式によって記述されるべきものである．

2.2.2 原子軌道

水素原子の電子構造について考えてみよう．水素原子は，陽子1つと電子1つからなっている．前節で議論したように軽い電子は波と考えたほうがよさそうである．陽子と電子の間には静電引力が作用して電子は陽子の近傍に閉じ込められていると考えると，電子の運動は**3次元の球対称な空間にできる定在波**として表現される．ここでは基礎方程式であるシュレーディンガー方程式を解くことはせず，結果だけを示す．

図2.2に示されたのが水素原子の電子が作る波を示した関数（1電子波動関数）で，通常これらを**原子軌道**と呼ぶ．波動であるから時々刻々振動するが，図示されているものはある瞬間でのスナップショットであり，色の違いは波動関数の符号の正負を表している．多く波打つ波の方が高い振動数を持ち，エネルギーの高い状態に対応する．波の振幅の自乗は，その場所に電子が観測される確率に比例する．

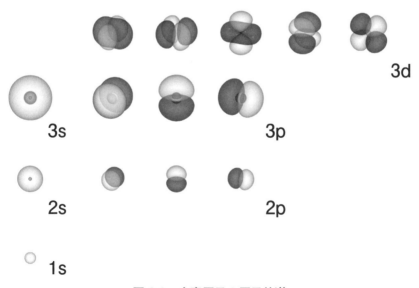

図 2.2 水素原子の原子軌道

原子軌道はそれぞれ，**主量子数**，**方位量子数**，**磁気量子数**と呼ばれる整数 (n, l, m) で区別される．これらは 1 次元の弦にできる波の波長を表す式 (2.3) の n に相当するもので，波動関数の節の数を特徴づけるものである．水素原子の場合に 3 つの量子数が必要となるのは，3 次元の波を考えているからである．なお，主量子数 n は軌道の大きさ，方位量子数 l は軌道の形，磁気量子数 m は軌道の向きを指し示すと思えばよい．これらが取りうる値は表 2.1 のようにまとめられる．

表 2.1　原子軌道の量子数

量子数	取りうる値
n	$1, 2, 3, \ldots$
l	$0, 1, 2, \ldots, n-1$
m	$-l, -l+1, \ldots, l-1, l$

　$n = 3$ までの量子数を具体的に書き出してみると表 2.2 のようになる．原子軌道の名称は n および l で決まる．n はそのまま数字で，l は 0, 1, 2, 3, . . . に対してそれぞれ s, p, d, f, . . . を当てることが慣例となっている．図 2.2 の軌道にそれぞれ付けられた記号はこのルールに従って付けられたものであった．それぞれの軌道に入った電子のエネルギー E は

$$E = -\frac{1}{2n^2} E_\mathrm{h} \tag{2.7}$$

で与えられるように，n のみに依存する．ここで E_h は 27.2114 eV である．

表2.2　$n=3$までの原子軌道

n	l	m	名称
1	0	0	1s
2	0	0	2s
2	1	$(-1, 0, +1)$	2p
3	0	0	3s
3	1	$(-1, 0, +1)$	3p
3	2	$(-2, -1, 0, +1, +2)$	3d

2.2.3　多電子原子の電子配置

原子内に複数の電子がある場合は，それぞれの電子が原子軌道で表される状態を取ると思えばよい[2]．ただし，ここで

(1) 1つの軌道に入ることができる電子数は最大2つであること

(2) 他の軌道にも電子が入るため軌道エネルギーの構造が変化すること

に注意が必要である．(2) の帰結として得られる軌道に電子が入る順序は，E. Madelung (1881–1972) によって次のルールにまとめられた．

マーデルング則

1) $n+l$ が小さい軌道から電子が入る

2) $n+l$ が等しい場合は n が小さいものから電子が入る

この規則によれば，電子が入る順序は

1s(1), 2s(2), 2p(3), 3s(3), 3p(4), 4s(4), 3d(5), 4p(5), ...

となる．括弧内は $n+l$ の値．水素原子の場合には，n が同じ軌道は同じエネルギーであったが，多電子原子では例えば2sと2pで比べると，

---

[2] 「電子が原子軌道で表される状態を取る」ということを以下簡単のために「電子が軌道に入る」「電子が軌道を占有する」と表現する．

先に電子が入るのは 2s である．つまり同じ n であっても l の値によって差が生じる．l は軌道の形を特徴づける量子数で，図 2.2 によれば $l = 0$ は球状，$l = 1$ は亜鈴状である．後者は原子核を含む面が節面となっており，原子核近傍での電子の存在確率が球状分布に比べて低くなる．電子が原子核から受ける静電引力は原子核からの距離が近いほど強いから，亜鈴状分布は球状分布に比べて原子核から受ける安定化が小さいということになる．l が大きくなると原子核を含む節面の数が増えるから，よりエネルギーは高くなる．また，3d と 4s では，3d の方が n が小さいにもかかわらず，電子は先に 4s に入る．

　これらの順序の詳細は本来，多電子原子のシュレーディンガー方程式を解いて決まるものだが，マーデルング則はその結果をコンパクトに表現している．なお，マーデルング則で得られる順序は図 2.3 のように考えると覚えやすい．

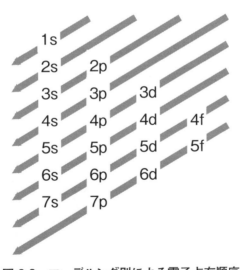

図 2.3　マーデルング則による電子占有順序

実際にマーデルング則で決まる順序でそれぞれの軌道に電子を2つずつ詰めて $Z = 1 \sim 20$ の原子の電子配置を決めてみると，表2.3のようになる．表中で，[He]，[Ne]，[Ar] はそれぞれ，He，Ne，Ar と同じ電子配置を略記したものである．K，Ca では $(3d)^1$，$(3d)^2$ とはなっていないことに注意したい．Ca に続く Sc からは 3d 軌道に電子が詰まっていき，4p に電子が入るのは 5 つの d 軌道に 10 電子が入ってからのちのことになる．つまり，$_{21}$Sc から $_{30}$Zn では 3d 軌道が，$_{31}$Ga から $_{36}$Kr では 4p 軌道が埋められていく．

表2.3 原子の電子配置

元素	電子配置	元素	電子配置	元素	電子配置
$_1$H	$(1s)^1$	—	—		
$_2$He	$(1s)^2$	—	—		
$_3$Li	$[He](2s)^1$	$_{11}$Na	$[Ne](3s)^1$	$_{19}$K	$[Ar](4s)^1$
$_4$Be	$[He](2s)^2$	$_{12}$Mg	$[Ne](3s)^2$	$_{20}$Ca	$[Ar](4s)^2$
$_5$B	$[He](2s)^2(2p)^1$	$_{13}$Al	$[Ne](3s)^2(3p)^1$		
$_6$C	$[He](2s)^2(2p)^2$	$_{14}$Si	$[Ne](3s)^2(3p)^2$		
$_7$N	$[He](2s)^2(2p)^3$	$_{15}$P	$[Ne](3s)^2(3p)^3$		
$_8$O	$[He](2s)^2(2p)^4$	$_{16}$S	$[Ne](3s)^2(3p)^4$		
$_9$F	$[He](2s)^2(2p)^5$	$_{17}$Cl	$[Ne](3s)^2(3p)^5$		
$_{10}$Ne	$[He](2s)^2(2p)^6$	$_{18}$Ar	$[Ne](3s)^2(3p)^6$		

2.3 周期表

2.3.1 原子の電子構造と周期表

前節の電子配置の一覧（表2.3）は，最外殻（もっとも大きな n の軌道）の電子数が一致するものが同じ行になるように書いてあった．例え

ば，FとClの最外殻電子数はともに7であるが，これらはハロゲンと呼ばれ共通の化学的性質を持つことで知られている．化学的性質を決めるのはその電子構造なのである．図2.4に示した**周期表**も，縦横は逆となっているが，同じ考え方に基づいてその並びが決められており，この場合には縦に並んだものどうしが互いに似た性質を持つ．この縦の並びを**族** (group) と呼び，横の並びは**周期** (period) と呼ばれる．

H 1																	He 2
Li 3	Be 4											B 5	C 6	N 7	O 8	F 9	Ne 10
Na 11	Mg 12	←			dブロック元素						→	Al 13	Si 14	P 15	S 16	Cl 17	Ar 18
K 19	Ca 20	Sc 21	Ti 22	V 23	Cr 24	Mn 25	Fe 26	Co 27	Ni 28	Cu 29	Zn 30	Ga 31	Ge 32	As 33	Se 34	Br 35	Kr 36
Rb 37	Sr 38	Y 39	Zr 40	Nb 41	Mo 42	Tc 43	Ru 44	Rh 45	Pd 46	Ag 47	Cd 48	In 49	Sn 50	Sb 51	Te 52	I 53	Xe 54
Cs 55	Ba 56	Lu 71	Hf 72	Ta 73	W 74	Re 75	Os 76	Ir 77	Pt 78	Au 79	Hg 80	Tl 81	Pb 82	Bi 83	Po 84	At 85	Rn 86
Fr 87	Ra 88	Lr 103	Rf 104	Db 105	Sg 106	Bh 107	Hs 108	Mt 109	Ds 110	Rg 111	Cn 112	Nh 113	Fl 114	Mc 115	Lv 116	Ts 117	Og 118

fブロック元素

La 57	Ce 58	Pr 59	Nd 60	Pm 61	Sm 62	Eu 63	Gd 64	Tb 65	Dy 66	Ho 67	Er 68	Tm 69	Yb 70
Ac 89	Th 90	Pa 91	U 92	Np 93	Pu 94	Am 95	Cm 96	Bk 97	Cf 98	Es 99	Fm 100	Md 101	No 102

図 2.4 周期表

周期表を見ていて，BeとBの間，MgとAlの間が飛んでいることを不思議に思ったことがあるかもしれない．これは先ほど見たように，第4周期ではCaで$(4s)^2$が埋まったのち，ScからZnまでは$3d^n$ ($n=1\sim 10$) と内側の3d電子が増える過程であり，最外殻の電子が増えないからである．Gaまで来て初めて$[Ar](4s)^2(3d)^{10}(4p)^1$となってBやAlと類似の電子構造となる．このためにBeとBの間，MgとAlの間を開け

て調整した結果，周期表はこのような形になっているのである．同じことは 4f, 5f が現れるところで生じるが，この場合にはその部分に間を開けると 14 個分飛ばすことになり，表があまりにも横長になるため，通常は図 2.4 のようにその部分を欄外に置くことが多い．なお，$(nd)^1$ 〜 $(nd)^{10}$ の元素群を **d ブロック元素**，$(nf)^1$ 〜 $(nf)^{14}$ の元素群を **f ブロック元素**と呼ぶが，これらは最外殻より内側にある電子数が異なるだけであるので，互いに似たような性質を示す．

2.3.2　原子番号の関数としての元素の性質

化学的性質をはじめとして，元素の性質は一般に原子番号の関数としての周期性を示す．最初の例は，図 2.5 に示した原子半径である．これを見ると，確かに原子半径は原子番号の単調な関数ではなく，ある種の周期性を持っていることが分かる．周期表と対応させて言えば，各周期のなかでは最も大きな原子半径を持つのは原子番号の小さい元素であり，原子番号が増加するとともに原子半径は減少する．そして $(np)^6$ の閉殻電子構造をもつ貴ガス元素が各周期では最も小さい原子半径を持つ．原子番号が大きいほど原子核の正電荷は増大し，より電子を引き付ける力が強くなると思えば，自然な傾向と言えるだろう．

次に示したのは，**イオン化エネルギー**と**電子親和力**である（図 2.6）．イオン化エネルギーは原子から 1 つ電子を剥ぎ取るのに必要なエネルギー，電子親和力は原子に 1 つ電子を付け加えた際に放出されるエネルギー [3] である．図によれば，凸凹は見られるものの，やはり両者とも周期内に見られるパターンが繰り返すようにして全体が構成されていることが分かる．

イオン化エネルギーについて詳しくみると，周期内で最も小さなイオ

---

[3] 対応する負イオンから電子を 1 つ剥ぎ取るエネルギーと言ってもよい．

第 2 章　原子の構造と周期表　| 47

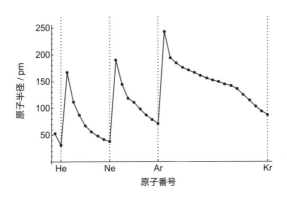

図 2.5　原子半径の周期性

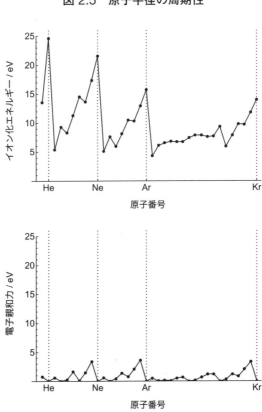

図 2.6　イオン化エネルギーと電子親和力の周期性

ン化エネルギーを持つのは，周期内で最も小さな原子番号の元素で，Li，Na，K がそれに該当する[4]．イオン化エネルギーの小さな Li，Na，K はアルカリ金属と呼ばれる元素で，それらの固体はいずれも激しい反応性を示す．同一周期内でイオン化エネルギーは右上がりで，最大のイオン化エネルギーを持つのは化学的に不活性な貴ガス元素 He，Ne，Ar，Kr である．この例からも，電子を与えやすいかどうかは化学的性質と直結していることが分かる．

電子親和力については，一般にその値は小さいが，やはり同一周期内では右上がりの傾向が見て取れる．ただし，最大値を取るのは貴ガス元素ではなく，その1つ手前のハロゲン F，Cl，Br である．貴ガス元素は，電子を剥がしにくく，そして付け加えにくいという両者の意味で安定であり，その安定性は**閉殻電子構造**に由来する．

2.3.3 電気陰性度

イオン化エネルギーの大きさは電子の剥がしにくさに，電子親和力の大きさは，電子の付け加えやすさに対応する．これらは両者ともにその元素が電子をどのくらい強く引き付けるかを示す尺度であると考えることもできる．R. S. Mulliken (1896–1986) はこれらの平均値を**電気陰性度**として定義した．すなわち，原子 A の電気陰性度 χ_A^{Mulliken} は，イオン化エネルギー IE_A と電子親和力 EA_A を用いて

$$\chi_A^{\text{Mulliken}} = \frac{\text{IE}_A + \text{EA}_A}{2} \tag{2.8}$$

で表される．一方，Mulliken より前に L. Pauling (1901–1994) は別の形で電気陰性度を定義していた．Pauling の電気陰性度は，原子 A と B との間の電気陰性度の差 $\chi_A - \chi_B$ が，結合 A–A，A–B，B–B の各結

---

[4] H は一般に特殊であるとして除外する．

合エネルギー D_{AA}, D_{AB}, D_{BB} (eV) との間に次式のような関係があるとして定義される．

$$(\chi_A - \chi_B)^2 = D_{AB} - (D_{AA} + D_{BB})/2 \qquad (2.9)$$

A–B 結合に極性がなく，完全に共有結合的であれば

$$D_{AB} = (D_{AA} + D_{BB})/2$$

と考えられ，式 (2.9) の右辺は 0 となるはずである．ところが結合に極性があれば有限値となり，これが電気陰性度の差の 2 乗に等しいとして Pauling は電気陰性度を定義したわけである．

　これら 2 つの電気陰性度は，まったく異なる定義ながらある一定の数値関係で結ばれていることが知られている．この対応関係は，分子の結合エネルギーが原子の電子構造から理解できることを示唆するものである．電気陰性度の値としてはどちらを用いても構わないが，より一般的な Pauling による値を図 2.7 に示す．Pauling の電気陰性度として示される値が本によって食い違うことがあるが，これは同じ定義を用いつつも，用いた結合エネルギーのデータが異なることによるものである．なお，ここに挙げた Pauling の教科書によるもののほかに，A. L. Allred がより広範な結合エネルギーのデータをもとに決めたものも Pauling の電気陰性度としてよく用いられる．電気陰性度に基づく分子内の分極の議論は，次章で化学結合について学んでから述べることにしよう．

H 2.1																	He –
Li 1.0	Be 1.5											B 2.0	C 2.5	N 3.0	O 3.5	F 4.0	Ne –
Na 0.9	Mg 1.2											Al 1.5	Si 1.8	P 2.1	S 2.5	Cl 3.0	Ar –
K 0.8	Ca 1.0	Sc 1.3	Ti 1.5	V 1.6	Cr 1.6	Mn 1.5	Fe 1.8	Co 1.8	Ni 1.8	Cu 1.9	Zn 1.6	Ga 1.6	Ge 1.8	As 2.0	Se 2.4	Br 2.8	Kr –
Rb 0.8	Sr 1.0	Y 1.2	Zr 1.4	Nb 1.6	Mo 1.8	Tc 1.9	Ru 2.2	Rh 2.2	Pd 2.2	Ag 1.9	Cd 1.7	In 1.7	Sn 1.8	Sb 1.9	Te 2.1	I 2.5	Xe –

図 2.7 Pauling の電気陰性度

3 | 化学結合はどのように生じるか

安池智一

《目標&ポイント》 原子と原子が結合を作る原理について学ぶ．電子対の共有に基づく共有結合と電荷移動を伴うイオン結合の基本的な理解ののちに，分子軌道によるこれら2種類の結合の統一的な解釈について学ぶ．
《キーワード》 原子価，共有電子対，非共有電子対，共有結合，イオン結合，分子軌道，結合の極性

3.1 原子価

化合物はもちろんのこと，貴ガスを除く単体においても，原子間には化学結合が生じて物質は安定化している．本章の目的は，化学結合がどのようにして生じるのかを考えることにあるが，その際に説明できなくてはいけない重要な経験則がある．それは「ある元素が持つ手の本数」として一般に知られる**原子価**である．

3.1.1 非極性分子の原子価

原子価は，分子量の測定を通じてさまざまな物質の組成が明らかとなってきた19世紀後半に，それらの組成を矛盾なく記述できる概念として導入された．例えば，炭素，窒素，酸素，塩素の水素化物は

$$CH_4, NH_3, H_2O, HCl$$

であるが，Hの原子価が1であるとすると，C, N, O, Clの原子価はそれぞれ4, 3, 2, 1ということになる．こうして決めた原子価の値は，

エタン C_2H_6 やメタノール CH_3OH，メチルアミン CH_3NH_2，クロロホルム $CHCl_3$ の場合にも以下の構造式

$$\underset{\underset{H}{|}}{\overset{\overset{H}{|}}{H-C}}-\underset{\underset{H}{|}}{\overset{\overset{H}{|}}{C}}-H, \quad \underset{\underset{H}{|}}{\overset{\overset{H}{|}}{H-C}}-O-H, \quad \underset{\underset{H}{|}}{\overset{\overset{H}{|}}{H-C}}-N\underset{H}{\overset{H}{\diagup}}, \quad \underset{\underset{Cl}{|}}{\overset{\overset{Cl}{|}}{H-C}}-Cl$$

を仮定すればそのまま適用可能であるし，配位数の観点からは矛盾が生じそうな二酸化炭素 CO_2，エチレン C_2H_4，アセチレン C_2H_2 についても，多重結合を考えれば

$$O=C=O, \quad \underset{H}{\overset{H}{\diagup}}C=C\underset{H}{\overset{H}{\diagdown}}, \quad H-C\equiv C-H$$

のように，すべての構成原子の原子価と矛盾しない．もちろん例外がない訳ではないが，極めて多くの分子の結合が原子価によって理解できるようになった．そして，このような構造式を描くうちに，当時の化学者に実際の分子の3次元空間における立体構造への興味が生まれ，さまざまな展開を生んだ．

3.1.2 極性分子の原子価

前節で見たのは，主に有機化学で扱われる，構成原子の電気陰性度が似通った極性の小さい分子についての原子価である．一方で，無機化学で扱われることの多い極性分子についても，酸化物や塩化物を基準として同様な議論が行われる．

19世紀後半には水に溶けて電気が流れる一連の塩（電解質）も知られるようになっていた．その典型はもちろん食塩 $NaCl$ であり，Na^+ と Cl^- ができることも分かっていた．Cl が -1 の電荷を持つことを基準とすると，Na_2O が存在することから O は -2 の電荷を持つと考えてよさそう

だ．そうすると，CaO, SrO, BaO を生じる Ca, Sr, Ba は +2 を取ることになるはずであるから，$CaCl_2$, $SrCl_2$, $BaCl_2$ を生じることが予想される．実際にこれらの組成を持つ塩化物が存在する．

現在これらの値は**酸化数**と呼ぶのが普通であるが，当時は区別せずにこちらも原子価と呼ばれた．Cl の原子価が 1，酸化数が −1，O は原子価が 2，酸化数が −2 であることを考えると，これらが混同されるのも無理はない．では原子価 3 の N は −3 の酸化数などとるのかと調べてみると，確かに Li_3N, Na_3N, K_3N という物質は存在する．これらの対応関係は偶然ではなく，電子構造の観点からは密接な関係がある．

3.2 ルイスの結合論

経験的に原子価の概念が有効であることはよいとして，それぞれの元素の原子価がなぜその値であるのかという疑問が当然ながら生じる．これについて，G. N. Lewis (1875–1946) は第 2 章で議論した原子の電子構造を巧みに利用したモデルを提唱した．

3.2.1 貴ガス電子構造の安定性

貴ガス元素が化学結合を作らずに単原子気体として存在するのは，その電子構造が安定であるためである．第 2 章でイオン化エネルギーが大きく，電子親和力が極めて小さいことを見た．これは貴ガス原子から電子を剥がすことも付け加えることもできないことを意味し，電子構造が安定だということである．そして Ne 以降の貴ガス元素の電子配置は一般に $(ns)^2(np)^6$，つまりいずれも最外殻に 8 つの電子を持つということである．Lewis はこの事実をもとにして，

オクテット則（八隅則）
安定分子を構成する原子は分子内で最外殻に 8 つの電子を持つ

という原理を提唱し，分子の結合および原子価がうまく理解できることを示した．なお，H, Li, Be などについては近くの貴ガス He は $(1s)^2$ であるから，2 つの電子をとる傾向があると考えなくてはならない．これをデュプレットということもある．

Lewis の議論には最外殻の電子を点で表す**点電子式**を使うのが便利である．これは例えば H, C, N, O, F に対して

$$\mathrm{H}\cdot \quad \cdot\overset{\cdot}{\underset{\cdot}{\mathrm{C}}}\cdot \quad \cdot\overset{\cdot\cdot}{\underset{\cdot\cdot}{\mathrm{N}}}\cdot \quad \cdot\overset{\cdot\cdot}{\underset{\cdot\cdot}{\mathrm{O}}}\cdot \quad \cdot\overset{\cdot\cdot}{\underset{\cdot\cdot}{\mathrm{F}}}\!:$$

のように描くものである．

3.2.2 共有結合

前節のオクテットとデュプレットを考えれば，CH_4 は以下のようにして，C の最外殻の 4 つの電子がそれぞれ，H の 1 つの電子と電子対を作り，結合を作ったとみなすことができる．

$$\mathrm{H}:\overset{\mathrm{H}}{\underset{\mathrm{H}}{\mathrm{C}}}:\mathrm{H} \quad \Longleftrightarrow \quad \mathrm{H}-\overset{\mathrm{H}}{\underset{\mathrm{H}}{\mathrm{C}}}-\mathrm{H}$$

このとき，これらの電子対が C と H で**共有**されていると見なせば，C の最外殻には 8 つ，H には 2 つの電子があることになって，オクテットとデュプレットを満たすことになるということだ．また，これを前節の構造式と対応させると，この**共有電子対**こそが結合の実体ということになる．このようにして生じる化学結合を**共有結合** (covalent bond) と呼ぶ．このように考えれば，NH_3, H_2O, HF は

$$\text{H:}\overset{\overset{\text{H}}{..}}{\underset{..}{\text{N}}}\text{:H}, \quad \text{H:}\overset{..}{\underset{..}{\text{O}}}\text{:H}, \quad \text{H:}\overset{..}{\underset{..}{\text{F}}}\text{:}$$

となり，それぞれ 3, 2, 1 本の共有結合を持つことが分かるであろう．つまり，それぞれの元素の原子価を原子の電子構造の観点から正しく導くことができたということである．ところで，NH_3, H_2O, HF には，原子間で共有されていない電子対があるのが見て取れるであろう．これらは**非共有電子対**と呼ばれ，酸塩基反応で重要な役割を果たす．

3.2.3 イオン結合

オクテットの考え方は，極性分子についてもうまくいく．NaCl を例にとって考えると，

$$\text{Na}\cdot + \cdot\overset{..}{\underset{..}{\text{Cl}}}\text{:} \longrightarrow \text{Na}^{\oplus} + \text{:}\overset{..}{\underset{..}{\text{Cl}}}\text{:}^{\ominus}$$

のように，Na は電子を Cl に渡すことで Ne と等電子系のオクテットとなり，一方 Cl は電子を貰うことで Ar と等電子系のオクテットとなる．それぞれがオクテットとなりやすいということは，Na のイオン化エネルギーが小さく，Cl の電子親和力が大きいという原子の性質にも現れていることで，理に適っていると言えよう．そして，得られた Na^+ と Cl^- の間には静電引力が働くことにより，結合を形成する．このような結合を**イオン結合** (ionic bond) と呼ぶ．イオン結合ができるのは，イオン化エネルギーの小さい周期表の左に位置する元素と電子親和力の大きい周期表の右に位置する元素の間である．これは言い換えれば，電気陰性度の差が大きい条件でもある．

3.3 分子軌道

イオン結合についての Lewis の説明は，結合力の源泉が静電引力であることも含めて非常に明快である．一方で，共有結合についてはどうであったかというと，電子の共有によって両者がオクテットもしくはデュプレットとなるということがどのようにして系の安定化に寄与するのか，曖昧と言わざるを得ない．これは無理もないことで，本来，原子について量子力学を適用したのと同様に，分子について量子力学を適用して初めてその本質が理解されるものである．ひとまずは Lewis 流の元素パズルで分子の世界に親しみつつも，徐々に量子力学に基づく分子軌道の考え方に慣れていってもらいたい．

分子軌道とは分子における 1 電子波動関数のことで，第 2 章で紹介した原子軌道の考え方を分子に一般化したものである．水素分子陽イオン H_2^+ であれば，2 つの水素原子核（陽子）から受けるクーロンポテンシャルに閉じ込められた電子の定在波が分子軌道に他ならない．

3.3.1 共有結合

共有結合のもっとも典型的で簡単な例は H_2 に見られる．H_2 の最もエネルギーの低い 2 つの分子軌道を図 3.1 の右に示した．エネルギーの最も低い $1\sigma_g$ 軌道には節がなく，次に低い $1\sigma_u$ 軌道には 1 つ節がある[1]．これらは 2 つの水素原子核が作るクーロンポテンシャルに閉じ込められた電子の定在波である一方，図の左に示された，水素原子が遠方に離れ

---

[1] σ_g, σ_u の対称性を持つ 1 番エネルギーの低い軌道ということで $1\sigma_g$, $1\sigma_u$ と名付けられている．σ は分子軸（水素原子どうしを結ぶ直線）の周りに節面がないことを指し，g と u はそれぞれ，分子の重心に対して軌道を反転させたときに一致するものを g，符号が反転するものを u と名付けることになっている．

図 3.1　H_2 の分子軌道

ていたときの 1s 軌道の線形結合と見ることができる．つまり，

$$\psi_{1\sigma_g} \sim \frac{1}{\sqrt{2}} \left\{ \varphi_{1s(L)} + \varphi_{1s(R)} \right\} \tag{3.1}$$

$$\psi_{1\sigma_u} \sim \frac{1}{\sqrt{2}} \left\{ \varphi_{1s(L)} - \varphi_{1s(R)} \right\} \tag{3.2}$$

である．**電子の存在確率密度** ρ は，波動関数そのものではなくその自乗に比例するので，

$$\rho_{1\sigma_g} \sim \frac{1}{2} \left\{ \varphi_{1s(L)}^2 + \varphi_{1s(R)}^2 + 2\varphi_{1s(L)}\varphi_{1s(R)} \right\} \tag{3.3}$$

$$\rho_{1\sigma_u} \sim \frac{1}{2} \left\{ \varphi_{1s(L)}^2 + \varphi_{1s(R)}^2 - 2\varphi_{1s(L)}\varphi_{1s(R)} \right\} \tag{3.4}$$

で与えられる．これはつまり，核間の $\varphi_{1s(L)}\varphi_{1s(R)}$ が値を持つ領域で，$1\sigma_g$ 軌道の場合には左右の 1s 軌道の波が干渉して強め合うことを，$1\sigma_u$ 軌道の場合には弱め合うことを意味する．核間領域での電子密度の増加は結合形成を促し，一方で核間領域での電子密度の低下は結合形成を阻害するから，$1\sigma_g$ 軌道は**結合性軌道**，$1\sigma_u$ 軌道は**反結合性軌道**と呼ばれる．多電子原子の電子配置を決めるときと同じく，電子はエネルギーの低い順に 1 軌道あたり 2 つずつ入っていくから，水素分子の電子配置は $(1\sigma_g)^2$ となる（図 3.2）．つまり，量子力学によれば，結合性軌道に電子が 2 つ入ることによって H_2 は化学結合を作ると理解できることになる．

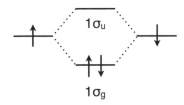

図 3.2 H_2 の電子配置

Lewis の点電子式で表された共有電子対とはつまり，結合性軌道に入った電子対のことだったと思えばよい．2 つの原子間で電荷の偏りは存在しないにも関わらず，核間領域の電子の干渉効果によって結合を生じるというのは純粋に量子力学的な効果である．

3.3.2 イオン結合

イオン結合については，Lewis の考え方，すなわち「イオン化エネルギーの小さな原子から電子親和力の大きな原子への電子移動の結果，正イオンと負イオンが生じることによって，静電引力によって結合が生じる」という説明も十分に理に適っている．そうは言っても，共有結合とイオン結合で説明に用いる理論的根拠を使い分けるのは望ましいことではないから，量子力学的にイオン結合がどのように表現されるのかも確認しておこう．

NaCl を例にとると，Na の 3s 軌道から Cl の 3p 軌道に電子が移動することによって Na^+，Cl^- が生じる．さきほどと同様に，これらの原子軌道の相互作用によって生じた分子軌道を見てみると図 3.3 のようになる．ここで注目したいのは，H_2 のときと違って，分子を形成するくらい原子どうしが近づいても，軌道の重ね合わせが見られないことである．つまり，

図 3.3　NaCl の分子軌道

$$\psi_{8\sigma} \sim \varphi_{3\mathrm{p}z(\mathrm{Cl})} \tag{3.5}$$

$$\psi_{9\sigma} \sim \varphi_{3\mathrm{s}(\mathrm{Na})} \tag{3.6}$$

である[2]．これは，**軌道相互作用**がエネルギーの近い軌道どうしでしか起こらないことによる．Na と Cl のイオン化エネルギーから，Na の 3s 軌道および Cl の 3p 軌道のエネルギーはそれぞれ，$-5.14\,\mathrm{eV}$ および $-12.97\,\mathrm{eV}$ と見積もることができる．これらは確かに大きくかけ離れていて，いかにも相互作用しにくいように思われる．エネルギーダイアグラムとして書けば図 3.4 のようになる．このとき，軌道がほとんど相互作用しないことと対応して，Na と Cl が近づいても軌道エネルギーも変

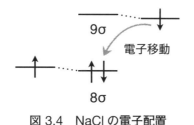

図 3.4　NaCl の電子配置

---

[2]　ここで 8σ, 9σ というのは NaCl の分子軌道に与えられる名称で，それぞれエネルギーが 8, 9 番目に低い σ 軌道であることを意味している．分子軌道が持つ結合軸まわりの節の数に応じてそれが 0, 1, 2 であれば，分子軌道はそれぞれ σ, π, δ 軌道と呼ばれる．

化しない．一方で，電子配置としては NaCl の軌道にエネルギーの低い順に 1 軌道あたり 2 つずつ入っていくから，$(3p_z(Cl))^2(3s(Na))^0$ となり，遠方にいたときの $(3p_z(Cl))^1(3s(Na))^1$ からは変化することとなる．$(3p_z(Cl))^2(3s(Na))^0$ の電子配置は Na^+Cl^- という電荷分布に対応し，古典的な静電引力によって結合が生じることとなる．イオン結合に限って言えば，最終的な結論としては Lewis の説明と同じであるが，分子軌道の考え方によれば，共有結合とイオン結合のいずれの場合にも一つの考え方で理解できるところに注目してほしい．

3.3.3 結合の極性と電気陰性度

分子軌道の考え方によって共有結合とイオン結合が統一的に記述できるということは，典型的な共有結合，典型的なイオン結合以外の中間的な結合も同じ枠組みで扱えることを示唆する．つまり，共有結合とイオン結合の間に，**極性を持った共有結合**が存在するはずだということである．任意の 2 原子間の結合がどのような性格を持つかは 2 つの原子の電気陰性度の差によって判定できる．

結合の極性

結合の性質は，結合を作る原子 A, B の Pauling の電気陰性度 χ_A, χ_B の差の絶対値によっておおよそ下のように分類される．

$\lvert \chi_A - \chi_B \rvert$	$0 \sim 0.4$	$0.4 \sim 2.0$	$2.0 \sim$
結合の性質	共有結合	極性共有結合	イオン結合

HCl の場合には，$\chi_H = 2.1$, $\chi_{Cl} = 3.0$ より $\Delta\chi = 0.9$ であるから，HCl の結合は極性をもった共有結合であることが分かる．電気陰性度の大きさを考慮すると，分子内で電荷は $H^{\delta+}Cl^{\delta-}$ のように分極していると考えられる．なお，結合の極性は連続的に変化しうるから，上記の分類は

あくまでも便宜的であるが，目安として用いるには有用である．

3.4 多原子分子の結合と分子軌道

3.4.1 分子全体に広がる正準軌道

多原子分子の結合についてはどのように考えればよいだろうか．この場合にも分子軌道に基づいて考えればよさそうだが，実は話はそう簡単ではない．メタンを例にとって説明しよう．図 3.5 に示したのはメタンの分子軌道だが，結合に寄与する 4 つの電子対が収容される軌道は，構造式からイメージされるような C–H に局在した 4 つの σ 軌道とはなっていない．一方で，これらの軌道に電子を詰めて得られる電子密度分布

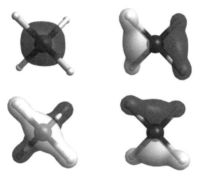

図 3.5　メタンの分子軌道（正準軌道）

（図 3.6）は 4 つの等価な C–H 結合からなるというイメージで得られるものと矛盾しない．この事情をどう捉えたらよいだろうか．ここに多原子分子の結合論の難しさがある．

ややレベルの高い話になってしまうが，実は分子軌道というものは多電子波動関数を作るための仮想的な道具に過ぎず，（物理的な）ある電子密度分布を与える占有軌道の組はユニークには決まらない．言い換えれ

図 3.6　メタンの電子密度分布

ば，占有軌道間のある種の変換に対して電子密度分布は不変，すなわち全エネルギーも不変だということである．

したがって，分子軌道を使って何かを議論するとき，用いる分子軌道がその様々ある可能性の中からどのように選ばれているのかということは議論の前提として大事なことである．そして通常は，軌道エネルギーがその軌道に電子が入ったときに得られる安定化エネルギーとよく対応するような軌道を選ぶ．これを**正準軌道**と呼ぶ．正準軌道を用いれば，分子間の電子および電子対の授受の起こりやすさを，エネルギーおよび軌道の形状の観点から議論することが可能となる．一方で，正準軌道は分子自体の対称性を反映するという性質も持っており，自ずから分子全体に非局在化する傾向がある．このために正準軌道はある原子対に局在した軌道とはならず，分子内の結合の直感的な理解にはあまり有用でない．

3.4.2　局在化軌道

前節で説明したように，通常使われる正準軌道は原子対に局在した結合のイメージとは対応しない．そこで考えられるのが，電子密度分布を不変に保つ占有軌道間の変換を利用して，構造式や Lewis の点電子式の描像に合致するような「原子対に局在した軌道」が得られないかということである．実際それは可能であって，メタンの場合には図 3.7 のようになる．これを見るとそれぞれの軌道は C−H の結合性の σ 軌道となっ

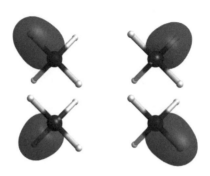

図 3.7 メタンの分子軌道（局在化軌道）

ており，それぞれを 2 電子が占有することによってまさに 4 本の σ 結合によってメタンが生成しているというイメージと合致する描像が得られることが分かる．対応する電子密度分布がさきほどの図 3.6 と同一であることは直感的にも明らかであろう．このような局在化によって構造式とよく対応する描像が出るということは，決して自明なことではなく，19 世紀の化学者たちが実験事実の積み重ねの中から見出し，構造式の形で表現した化学的描像が本質を捉えていたということを意味している．次章では，このような局在軌道のブロック細工のイメージに基づいて，多様な炭素化合物の世界が生まれることを見ていこう．

4 | 炭素化合物とその多様性

鈴木啓介

《目標&ポイント》 有機化学の豊かな世界を支える炭素化合物が示す著しい多様性が，炭素原子の結合に関するいくつかの特徴に由来することを理解する．
《キーワード》 有機化合物，混成軌道，σ 結合と π 結合，多重結合，構造異性体

4.1 炭素化合物の化学

4.1.1 生命現象を支える化合物

19世紀初頭まで，化学は有機化学と無機化学に別れていた．有機物は生物界に，無機物は鉱物界に由来し，その境界は"生命力"の有無にあるとされていた．すなわち，有機化合物は生命体だけが作れるものとされていたのである．これを**生気説**という．ところが1828年，後に有機化学の祖と仰がれる F. Wöhler (1800–1882) がシアン酸アンモニウム（無機物）を加熱すると尿素（有機物）が生成したと報告し，生命力によらずとも有機化合物の生成しうることが立証された．これ以降，有機化合物はより広く「炭素原子を基本構成元素とする化合物」と再定義されることとなったが，やはり有機化合物が生命現象で中心的役割を果たすことには変わりがない．

F. Wöhler
1800–1882

NH$_4^+$ $^-$OCN $\xrightarrow{\text{加熱}}$ H$_2$N−CO−NH$_2$

シアン酸アンモニウム　　　　　　　尿素

　現在，報告されている化合物の種類は1億を超しているが，有機化合物がその半数以上を占める．この多様性こそが有機化合物が生命現象を支える理由に他ならない．炭素の他に含まれる主な元素は水素，酸素，窒素，リン，硫黄，ハロゲンなどに限られているが，それらの組み合わせから膨大な種類の有機化合物が生み出されるのはなぜだろうか．その秘密は，他の元素にはない，炭素原子に特有の性質にある．

4.1.2　炭素原子の特徴：多様性の起源
1）原子価4

　炭素の原子価は4であり，共有結合を介して4つの原子と結合できる．周期表で両隣のホウ素と窒素の原子価は3であり，不安定性の起源となる非共有電子対や空軌道を持つ．

　　—B—　　—C—　　—N—　　—O—
　　　3　　　　4　　　　3　　　　2

2）自在にネットワークを形成する

　直鎖状のみならず，枝分かれや環状のつながりも可能である．また，環構造をつくることができることも多様な分子ができるもととなっている．

直鎖状　　分岐状

環状

天然化合物の多様な骨格

　以下に見られるように，天然から得られた化合物の骨格は多種多様であり，とても長い直鎖構造もあれば，複雑な多環式構造もある．

ノナコサン（果皮のワックス成分）

ゲラニオール（バラ，ジャスミン）

(−)-メントール（薄荷）

β-カロテン（ニンジン）

タキソール（イチイ）

3) 多重結合をつくる

容易に二重結合や三重結合ができ，さらに炭素鎖を伸ばすことができることも，炭素原子に特徴的な性質である．窒素原子は三重結合を，酸素原子は二重結合をつくるとそこからもう結合の余地はなくなってしまう．

$$\mathrm{\underset{/}{\overset{\backslash}{C}}=\underset{\backslash}{\overset{/}{C}}} \qquad -\mathrm{C}\equiv\mathrm{C}- \qquad :\mathrm{N}\equiv\mathrm{N}: \qquad \ddot{\mathrm{O}}=\mathrm{C}=\ddot{\mathrm{O}}$$

4) 立体化学

メタン分子のように炭素原子が4つの単結合をつくる場合には，それらの結合は正四面体の頂点の方向を向いている．ここに異なる原子が結合している場合，鏡像異性体が生成する．このこともまた，炭素を中心とした組み合わせ（場合の数）を増大させる一因となる．

5) くり返し構造による高次化

特定の原子団が基本単位となり，結合することにより大分子量構造ができるのも多様性の一因である．生体分子においてもアミノ酸からペプチド，タンパク質，ヌクレオチドから核酸，単糖から多糖類の高次構造ができるし，人工的なポリマーも多彩である．

生体高分子

セルロース

ナイロン66　ケブラー

PET　ポリカーボナート

人工高分子

4.1.3　炭素化合物の多様性をかいまみる

　炭素数が n の炭化水素 C_nH_{2n+2} について，炭素骨格のつながり方の異なる構造がいくつありえるかを考えてみよう．$n = 3$ までは直鎖状のただ 1 つしかない．$n = 3$ なら環状骨格もあると思うかもしれないが，この場合には，水素原子数が変わってしまうので除外する．つまり，い

ま考えているのは，炭素骨格の枝分かれだけを考慮してどの程度の多様性が生まれるかという問題に相当する．$n = 4, 5, 6$ について条件を満たす構造を書き出してみると以下のようになる．

(a) C_4H_{10}：2 種類

(b) C_5H_{12}：3 種類

(c) C_6H_{14}：5 種類

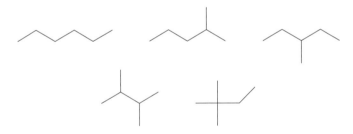

それぞれ省略されている水素原子を補って，分子式と対応していることを確認しよう．また，炭素数 7 の場合について自分でもやってみるとよい．これらを見ると，炭素数と同程度の種類くらいしかないように思えるが，実はそうではない．表 4.1 に示すように，その後の伸びは凄まじい．たった 30 個の炭素原子からなる組成の限定された炭化水素が 40 億以上の異なる炭素骨格を持ち得るのである．また，水素原子数に対する条件を外すと，環状骨格や多重結合が許されるようになる．こういった

部分改変にはそれをいくつ許すか，どこに許すかといったバラエティが存在するから，異なる骨格をもつ分子の数は上記の数からより一層増えることとなる．もし仮に原子価が2だったとすると，どんなに原子数が増えても直鎖か1重ループの2種類しか許されない．原子価4の効果は凄まじい．このように考えると，炭素化合物が示す多様性がいかに著しいかが分かるだろう．

表 4.1　炭化水素 C_nH_{2n+2} が取りうる炭素骨格の種類

分子式	異なる炭素骨格数	分子式	異なる炭素骨格数
C_7H_{16}	9	$C_{15}H_{32}$	4347
C_8H_{18}	18	$C_{20}H_{42}$	355319
C_9H_{20}	35	$C_{25}H_{52}$	36797588
$C_{10}H_{22}$	75	$C_{30}H_{62}$	4111846763

4.2　炭素化合物の結合論

4.2.1　原子価4の謎と混成軌道

前節で見た炭素化合物の多様性の起源において，炭素原子が原子価4を持つということが最も根源的であると言える．Lewisの考えによれば，原子価4の根拠は，最外殻電子が4つということにある．しかし，基底状態における炭素原子の外殻電子配置は $2s^2 2p^2$ であるから，電子構造が強固であれば，正しくは不対電子数は2つなのである．そうだとすると，たとえ水素原子が近づいてきても2つの水素原子と結合が生成するだけで，1つの2p軌道は空のままとなる．つまり原子価4が意味するのは，炭素原子の原子価殻の電子（価電子）は状況に応じて臨機応変にその状態を変化させるということに他ならない．このことは，多重結合をつくることにも関係する．以下，この炭素原子の価電子の状態変化とそ

の結果として生じうる結合について詳しく見ていくことにしよう．

炭素化合物における化学結合一般を考えるための出発点として，第3章で取り上げたメタンを例に用いよう．第3.4節では，メタンの結合は局在化軌道によって原子対ごとに考えられるというところまでを議論した．では，そのような局在化結合軌道は，構成原子である炭素や水素の原子軌道からどのように生じたと考えるべきであろうか．局在化結合軌道を，

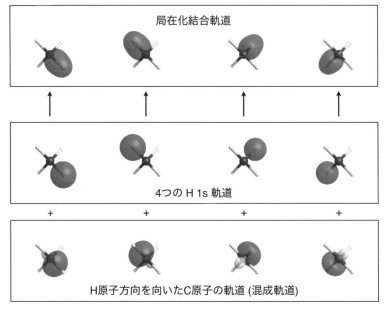

図 4.1　局在化結合軌道はどのようにできるか

水素の1s軌道と残りの部分に分けてみると，図4.1のように炭素原子上に水素原子の方向を向いた4つの軌道が現れる．これらの4つの軌道は，本来の炭素原子の原子価殻の軌道 $2s, 2p_x, 2p_y, 2p_z$ とは全く違う形をしているが，実はそれらの線形結合として表すことができる．

分子軌道の形成のときにも見られたように，原子軌道は，他の原子の接近などによるポテンシャルの変化に応じて相互作用を起こし，その状況下で最適な線形結合を形成する．このとき，もしある原子内にエネルギーの近い軌道が存在すれば，原子内でも軌道の重ね合わせを生じる．この原子軌道の重ね合わせで表現される結合前の軌道を**混成軌道**と呼ぶ．

一般に，第2周期元素の2s, 2p軌道の軌道エネルギーは近接しているため，これらをどのように重ね合わせてもエネルギー的にさほど不利にならない．したがって，近づいてきた原子数に応じて最適な混成軌道を形成し，自由に結合軌道をつくることができる[1]．以下では近づいてくる原子数（配位数）に応じて炭素原子がどのような混成軌道を取りうるかを見ていこう．

4.2.2 sp 混成軌道

4配位のメタンにおける混成軌道は少々複雑なので後回しにして，最も簡単な2配位の炭素原子を考えよう．このとき，2s軌道 (s) と1つの2p軌道 (p_z) の線形結合で与えられる sp 混成軌道 — d_1, d_2 を考えるのがよい．

$$d_1 = \frac{1}{\sqrt{2}}(s + p_z) \tag{4.1}$$

$$d_2 = \frac{1}{\sqrt{2}}(s - p_z) \tag{4.2}$$

図4.2からも分かるように，d_1 と d_2 は同一直線上にあって互いに反対を向いている．したがって d_1, d_2 を使って他の原子と結合をつくれば，結合間の角度は180°となり，結合原子どうしは最も立体反発の少ない

---

[1] なお，実際には原子内の重ね合わせである混成と原子間の重ね合わせである結合軌道の形成は同時進行であり，混成軌道の形成を実験的に観測することはできない．

図 4.2　sp 混成軌道

配置を取る.

2 配位の炭素原子は結合をつくる前に $(d_1)^1 (d_2)^1 (p_x)^1 (p_y)^1$ で表される状態となっていて，それぞれの電子が隣接する原子の不対電子とペアとなって共有結合をつくると考える．具体例で見てみよう．sp 炭素が現れる代表例はアセチレン C_2H_2 である．C_2H_2 の炭素原子は 2 配位で，sp 混成軌道を使って隣接する水素原子と炭素原子と **σ 結合** をつくる（図 4.3 上段）．それぞれの炭素には混成に参加しない p_x, p_y 軌道があり，電子が 1 つずつ入っている．合計 4 つの残った電子が

$$\pi_x = \frac{1}{\sqrt{2}} \{ p_x(L) + p_x(R) \} \tag{4.3}$$

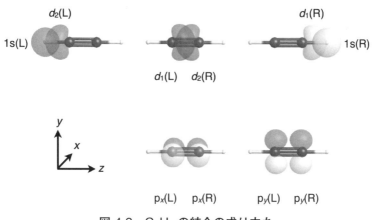

図 4.3　C_2H_2 の結合の成り立ち

$$\pi_y = \frac{1}{\sqrt{2}}\{p_y(L) + p_y(R)\} \tag{4.4}$$

で表される 2 つの結合性軌道に入って **π 結合**をつくる．C_2H_2 の炭素間の結合は 1 本の σ 結合と 2 本の π 結合からなり，**三重結合**となる．

4.2.3　sp^2 混成軌道

3 配位の炭素原子の場合には，2s 軌道 (s) と 2 つの 2p 軌道 (p_x, p_y) 軌道の線形結合からなる sp^2 混成軌道 — t_1, t_2, t_3 を考えるとよい．

$$t_1 = \frac{1}{\sqrt{3}}\left(s + \sqrt{2}\,p_x\right) \tag{4.5}$$

$$t_2 = \frac{1}{\sqrt{3}}\left(s - \frac{1}{\sqrt{2}}p_x + \sqrt{\frac{3}{2}}p_y\right) \tag{4.6}$$

$$t_3 = \frac{1}{\sqrt{3}}\left(s - \frac{1}{\sqrt{2}}p_x - \sqrt{\frac{3}{2}}p_y\right) \tag{4.7}$$

これらの軌道は図 4.4 に示されるように x, y 平面で正三角形の重心から頂点に向かい，同一平面内で互いに最も反発の少ない配置になっている．この sp^2 混成軌道の方向性から，3 配位の炭素の場合には結合先の原子は全て同一平面上に配置することが予想され，実際にもそのようになる．

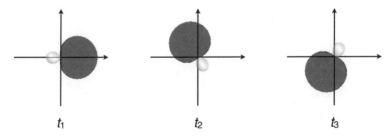

図 4.4　sp^2 混成軌道

3配位の炭素原子の結合前の電子状態は $(t_1)^1(t_2)^1(t_3)^1(\mathrm{p}_z)^1$ で表され，それぞれの電子が隣接する原子の不対電子と共有結合を形成する．sp^2 炭素が現れる代表例はエチレン $\mathrm{C_2H_4}$ である．$\mathrm{C_2H_4}$ の炭素原子それぞれには2つの水素原子と1つの炭素原子が隣接していて，これらの原子と sp^2 混成軌道を使って σ 結合をつくる．それぞれの炭素に残る p_z 電子は，2つの p_z の線形結合から生じる結合性 π 軌道に入って π 結合を生じる．したがって，$\mathrm{C_2H_4}$ の炭素間の結合は1本の σ 結合と1本の π 結合からなり，**二重結合**となる．

なお，この π 軌道の重なりには，2つのp軌道どうしが同じ方向を向くことが必要である．もし C=C 結合が結合軸まわりにねじれると，このp軌道どうしの重なりが失われ，π 結合が切断されてしまう．したがって，二重結合の回転は大きなエネルギーを要し，室温では起こらない．その結果，たとえば2-ブテンのようなエチレン誘導体には，室温で安定に単離できる2種の異性体（**シス体**と**トランス体**）が存在する．この場合，シス体はトランス体に比べてわずかに不安定であるが，これはメチル基どうしの立体的な反発のためである．

シス-2-ブテン   トランス-2-ブテン

4.2.4　sp^3 混成軌道

4配位の炭素原子の場合には，主量子数 n が2のすべての軌道の線形結合で与えられる sp^3 混成軌道 — T_1, T_2, T_3, T_4 を考えるとよい．

$$T_1 = \frac{1}{2}(s + p_x + p_y + p_z) \tag{4.8}$$

$$T_2 = \frac{1}{2}(s + p_x - p_y - p_z) \tag{4.9}$$

$$T_3 = \frac{1}{2}(s - p_x + p_y - p_z) \tag{4.10}$$

$$T_4 = \frac{1}{2}(s - p_x - p_y + p_z) \tag{4.11}$$

これらがどのような方向を向いているか，直観的にはわかりにくいかもしれない．p_x, p_y, p_z の向きを表すベクトルがそれぞれ $(+1,0,0)$, $(0,+1,0)$, $(0,0,+1)$ だと思えば[2]，T_1, T_2, T_3, T_4 の向きはそれぞれ

$$T_1: \quad (+1,0,0) + (0,+1,0) + (0,0,+1) = (+1,+1,+1) \tag{4.12}$$

$$T_2: \quad (+1,0,0) - (0,+1,0) - (0,0,+1) = (+1,-1,-1) \tag{4.13}$$

$$T_3: \quad -(+1,0,0) + (0,+1,0) - (0,0,+1) = (-1,+1,-1) \tag{4.14}$$

$$T_4: \quad -(+1,0,0) - (0,+1,0) + (0,0,+1) = (-1,-1,+1) \tag{4.15}$$

で与えられる．つまり，T_1, T_2, T_3, T_4 は正四面体の重心から頂点に向かっており，3次元空間で互いに最も反発の少ない立体配置となっている．実際の軌道を図 4.5 に示した．4配位の炭素原子の結合前の電子状

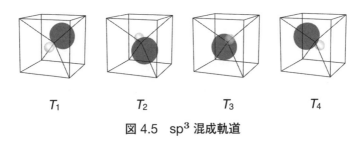

図 4.5 sp^3 混成軌道

---

2) s 軌道は等方的なので考えなくてよい．

態は $(T_1)^1(T_2)^1(T_3)^1(T_4)^1$ で表され，それぞれの電子が相手原子の不対電子と共有結合を形成する．sp^3 炭素が現れる代表例はメタン CH_4 である．それぞれの sp^3 混成軌道が水素の 1s 軌道とプラスの線形結合によって結合性の σ 軌道を作り，炭素原子から1つ，水素原子から1つの電子を持ち寄って電子対が結合性軌道に入ると考えれば，CH_4 の結合を理解することができる．

4.2.5 軌道混成と炭素化合物の多様性

以上見てきたように，炭素原子は配位数 2, 3, 4 に応じて sp, sp^2, sp^3 という3種類の軌道混成をすることにより，配位数に合わせて結合形式を柔軟に変化させる．このこと自体，多様な化合物が生じる原因となるが，それぞれの配位数ごとに局所的な結合角が異なっていることは，化合物の3次元空間における構造にバラエティを持たせる働きを持つ．

また，配位数が 2, 3 の場合には余った手を使って多重結合をつくるが，この場合には，結合軸周りの自由回転が許されない．このことは，大きな炭素化合物を考えたときに，ある部分構造は強固であるのに対して，ある部分構造は自由に揺らぐといった，分子運動の不均一性を生む．つまり，軌道混成は，化合物の構造の多様性のみならず，ダイナミカルな多様性の起源でもある．大きな炭素化合物の代表であるたんぱく質は，このような構造および運動の多様性をうまく活かして様々な機能を生み出し，多様な生命現象をミクロなレベルで下支えしているが，その最も基本的な起源は，2s, 2p 軌道のエネルギーが近く自在な軌道混成を可能とする炭素原子の電子構造にある．

5 | 分子間力と高次構造の形成

安池智一

《目標&ポイント》 分子の間に働く相互作用すなわち分子間力について学ぶ．分子間力は化学結合に比べて弱い相互作用でありながら，その存在は普遍的であり，分子が高次構造を作る上で重要な役割を果たすことを理解する．
《キーワード》 ファンデルワールス力，水素結合，配位結合，水の異常性，たんぱく質の構造

5.1 分子間力

　分子間に働く力を分子間力と呼ぶ．2つの分子が電荷を持っていれば，それらの電荷に応じた静電力に起因する引力や斥力が働くだろう．では，この片方を中性分子に変えるとどうなるだろうか．一見，相互作用がなくなってしまいそうだが，そうはならない．中性分子は全体として中性であっても，分子内の化学結合が極性を持つなどすれば，分子内を細かく見ると電荷分布の濃淡があるはずである．だとすれば，それらを通じた静電力が働くに違いない．また，外部の電荷が作る電場の中で，分子の中に新しい電荷分布が誘起されるということもありうる．このような誘起電荷分布の効果によって，中性分子間にさえ分子間力は存在する．
　分子間力による安定化は一般に，分子内の結合に比べて小さい．しかしながら，分子が積み重なってマクロな存在となり，我々の眼前に現れる際には重要な役割を果たす．例えば，もし分子間力が存在しなければ，分子性物質の気体は，液化することができなくなってしまう．以下でよ

り詳しく分子間力について見ていこう.

5.1.1 分子内の電荷分布

前節で述べたように,中性分子であっても分子内には電荷分布の濃淡があることが多い. 2 つの分子に起因する電荷分布間のクーロン力を通じて分子は相互作用をする. この電荷分布間の相互作用という捉え方はもちろん正しいが,それぞれの分子の電荷の空間分布をすべて把握していなくてはならず,実際分子間の相互作用を考えてみようと思ったときに,このままではあまり役に立たない.

ここで重要となるのが,遠くから分子を見るという視点である. 無限遠方まで離れて見れば,分子は点にしか見えない. このときは,分子内の電荷分布という考え方には意味がなく,分子が全体として電荷を持つか持たないかが重要となる. ここから徐々に近づいていくとどうだろうか. 少しずつ分子内の電荷分布の詳細が見えてくるが,まず見えてくるのは分子の半分の領域が $\delta+$,残りの領域が $\delta-$ という大雑把な構造だろう. これを特徴づける量として電気双極子モーメントというものがある. さらに近づけば,より細かい電荷分布の構造が見えてくる. これは電気四極子モーメントによって特徴づけられる. 同様にして電荷分布は電気 n 極子モーメントの和で表現されることになる (n は偶数のみ). 無限遠で見た電荷分布を特徴づける電荷は $n=0$ に相当する電気単極子モーメントに他ならない. それでは分子間力を考えるにあたって,n としてどれくらい考えなくてはならないかというと,通常は双極子までで十分である[1].

---

[1] 単極子の次の最初の非ゼロのモーメントが重要である. 双極子が 0 で四極子を持つ CO_2 のような場合には四極子が重要となる.

5.1.2 電気双極子

電気双極子は距離 R だけ離れた 2 つの電荷 $+q$ と $-q$ からなる．このような電荷の配置は，**電気双極子モーメント** $\vec{\mu}$（負電荷から正電荷に向かうベクトル）によって特徴づけられ，その大きさは

$$|\vec{\mu}| = qR \tag{5.1}$$

である[2]．2 原子分子であれば，原子上の部分電荷と結合距離を使ってこの値を求めることができる．3 原子以上の場合には難しいように思えるかもしれないが，図 5.1 のように個々の結合ごとに求めた双極子モーメントのベクトル和を考えればよい．

電気双極子モーメントを持つ分子のことを**極性分子**と呼ぶが，このように考えると，H_2O は極性分子であるが，CO_2 は極性のある結合を分子内に持つものの，**非極性分子**であるということになる．

黒　結合ごとの電気双極子モーメント
白　分子の電気双極子モーメント

図 5.1　3 原子分子の双極子モーメント

5.1.3 誘起双極子

外部電場は，極性分子を双極子モーメントが外部電場の電気力線に平行となるよう整列させるだけでなく，分子内の電荷分布を変形させる働きを持つ．これによって生じる電気双極子を**誘起双極子**と呼ぶ．分子間

---

[2]　なお，$|\vec{\mu}|$ の SI 単位は $C \cdot m$ であるが，P. Debye に因んだ
$$1\,D = 3.33564 \times 10^{-30}\,C \cdot m$$
が用いられることも多い．

のクーロン力を考える際には，誘起双極子の効果も考えなくてはならない．誘起双極子を特徴づけるベクトル，**誘起双極子モーメント** $\vec{\mu}_{\text{ind}}$ は通常の電場強度の範囲で電場 E に比例し，

$$\vec{\mu}_{\text{ind}} = \alpha \vec{E} \tag{5.2}$$

と書かれる．ここで α は**分極率**と呼ばれる[3]．なお，前節で見た外部電場なしで分子に内在する電気双極子を，誘起双極子と区別するために**永久双極子**と呼ぶ．

5.1.4 分子間の相互作用

上記の議論を踏まえて，多極子としては双極子までを考えると，電荷分布間のクーロン相互作用として捉えられる分子間相互作用は表 5.1 のようにまとめられる[4]．

表 5.1 多極子間の相互作用と距離依存性

	点電荷	永久双極子	誘起双極子
点電荷	静電力 (R^{-1})	静電力 (R^{-2})	誘起力 (R^{-4})
永久双極子	静電力 (R^{-2})	静電力 (R^{-3})	誘起力 (R^{-6})
誘起双極子	誘起力 (R^{-4})	誘起力 (R^{-6})	分散力 (R^{-6})

まず，分子がもともと持つ電荷分布に由来する**静電力**が与える相互作用について考えよう．表にある通り，点電荷間，点電荷-永久双極子間，

---

[3] ここで，電場もベクトルで誘起双極子モーメントもベクトルであることに注意したい．誘起双極子モーメントは外部電場の向きと異なる方向成分を持つことがあり，分極率は一般に定数ではなくテンソルと呼ばれる量であるが，ここでは簡単のために分極率の大きさだけを問題とする．

[4] 誘起単極子というものは存在しないことに注意．

永久双極子間に働く相互作用がこれに該当する．括弧内の R^{-n} は，相互作用が分子間距離 R に対してどのような依存性を持つかを表している．点電荷 q, q' 間の静電力とは，クーロン相互作用であるから

$$V_{qq'}(R) = \frac{qq'}{4\pi\epsilon_0 \epsilon R} \tag{5.3}$$

と表され，確かに R^{-1} に比例している．ここで ϵ_0 は真空の誘電率，ϵ は電荷が存在する媒質の比誘電率である．真空の比誘電率 1 に対して，水はおおよそ 78 という値をとる．これは例えば，固体の NaCl 結晶が強い相互作用で結びついていて高い融点を持つのに対して，水には簡単に溶けることと対応している．

　点電荷と双極子，双極子と双極子の間の静電相互作用エネルギーの距離依存性はどうだろうか．真面目に計算してもよいが，距離依存性だけでよければ，いわゆる**次元解析**[5] によって評価することができる．具体的に点電荷と双極子の間の相互作用エネルギーを考えてみよう．電荷 q, q' の相互作用エネルギーと電荷 q と双極子 μ の相互作用エネルギーはもちろん同じ次元を持っていなくてはならない．すなわち

$$qq'/R \Leftrightarrow q\mu/R^n$$

---

5) 物理量の足し算引き算は，同じ次元のものどうしの間でしか許されない．単位を換算すれば 1 km と 100 ft を足すことができるが，1 km と 100 g を足すことはナンセンスである．単位が違うだけなら換算すればよいが，距離と質量を足すことはできない．多くの物理量の次元は一般に

$$M^a L^b T^c I^d$$

で表される．ここで M は質量，L は距離，T は時間，I は電流である．エネルギーについて考えてみると，質点の運動エネルギーは $\frac{1}{2}mv^2$ で表されることから $M^1 L^2 T^{-2} I^0$ となる．だとすれば，さまざまなポテンシャルエネルギーも同じ次元を持っているはずだというのが次元解析の考え方である．重力によるポテンシャルエネルギーは mgh であったが，m は M^1，h は L^1，g は重力加速度で m/s^2 の単位を持つから次元は $L^1 T^{-2}$．これらの積を取れば $M^1 L^2 T^{-2} I^0$ となり確かに一致している．

という対応関係があるはずである．μ は電荷に距離をかけたものだから，右辺の分子の距離の次元は左辺に比べて 1 つあがっている．しかし両辺の次元は同じでなくてはならないから，$n=2$，つまり R^{-2} に比例することが要請される．同様に考えれば，双極子 μ, μ' の相互作用エネルギーは R^{-3} に比例すべきであることが分かるはずである．

R^{-n} の n が大きいほど，遠方で見たときに早くその値は 0 に近づく．これらの距離依存性は，最遠方では全体の電荷しか見えず，近づくことでより詳細な電荷分布が見えるようになるということと対応する．

次に誘起双極子が関係する**誘起力**による相互作用を考える．点電荷が相手分子に生じる誘起双極子は $\mu_{\text{ind}}=\alpha E$ で与えられた．ここで E は点電荷が相手分子の場所につくる電場である．電場とは場所ごとに試験電荷が受ける力のことで，それぞれの場所での相互作用エネルギーの位置微分に -1 をかけたものである．電荷 q と距離 R だけ離れた試験電荷 $q'=1$ の間の相互作用エネルギーから電場を求めると，

$$E = -\frac{\partial}{\partial R}\left(\frac{q}{4\pi\epsilon_0\epsilon R}\right) = \frac{q}{4\pi\epsilon_0\epsilon}\frac{1}{R^2} \tag{5.4}$$

となることが分かる．したがって誘起双極子は $\mu_{\text{ind}} \sim C/R^2$ となる．ここで点電荷と双極子の相互作用エネルギーが $1/R^2$ に比例していたことを思い出すと，点電荷と今求めた誘起双極子の相互作用エネルギーは

$$V \sim \frac{q\mu_{\text{ind}}}{R^2} = \frac{q}{R^2}\frac{C}{R^2} \sim \frac{C'}{R^4} \tag{5.5}$$

となって R^{-4} の距離依存性を持つことが示される．同様に永久双極子と誘起双極子の相互作用を考えてみると，永久双極子 (μ) が相手分子に生じる誘起双極子 (μ'_{ind}) を考え，この誘起双極子と元の双極子との相互作用を考えれば，

$$\mu'_{\text{ind}} \sim \frac{C}{R^3}, \quad V \sim \frac{\mu\mu'_{\text{ind}}}{R^3} \sim \frac{C''}{R^6}$$

として R^{-6} の距離依存性を持つことが分かる．

　最後に残ったのは，片方の分子に量子力学的効果によって瞬間的に誘起された双極子と，その双極子が相手分子に誘起する双極子の間の相互作用であるが，これも相互作用エネルギーの考え方は永久双極子と誘起双極子の相互作用と同様であるから R^{-6} の距離依存性を持つ．このような相互作用を与える力は**分散力**と呼ばれる．

5.1.5　ファンデルワールス力

　前節で議論した分子間力のうち，表 5.1 に灰色で示した中性分子間に働く分子間力を**ファンデルワールス力**と呼ぶ．ファンデルワールス力には静電力，誘起力，分散力の 3 つの寄与がある．このうち，誘起双極子が関係する誘起力と分散力については常に引力相互作用である．誘起双極子は常に

$$\ominus - \oplus \quad + \quad (\quad) \quad \Rightarrow \quad \ominus - \oplus \quad \cdots \quad (\ominus \oplus)$$

のように系を安定化するように生じるからである．誘起力による安定化は，分子 1,2 の永久双極子を μ_1, μ_2，分極率を α_1, α_2 とすると，

$$U_{誘起}(R) = -\frac{(\mu_1^2 \alpha_2 + \mu_2^2 \alpha_1)}{(4\pi\epsilon_0)^2} \frac{1}{R^6} \tag{5.6}$$

で，分散力による安定化は，分子 1,2 のイオン化エネルギーを I_1, I_2，分極率を α_1, α_2 とすると，

$$U_{分散}(R) = -\frac{3}{2} \left(\frac{I_1 I_2}{I_1 + I_2} \right) \frac{\alpha_1 \alpha_2}{(4\pi\epsilon_0)^2} \frac{1}{R^6} \tag{5.7}$$

で表されることが知られている．一方，永久双極子どうしの相互作用は，配向によって

$$\ominus - \oplus \quad \oplus - \ominus$$

のように反発的になることもあり，実は距離だけでは決まらない．このことから，静電力はしばしば**配向力**と呼ばれる．ここで，この配向力による安定化が考えている温度 T における熱エネルギー $k_\mathrm{B}T$ に比べて十分大きければ，安定な配向だけを考えればよいが，逆に安定化が $k_\mathrm{B}T$ に比べて著しく小さい場合には，分子どうしは互いに自由回転を行い，安定化エネルギーの平均は 0 となる．実際にはその中間であることが多く，熱的な平均を考える必要がある．そのような計算を実際に行った W. H. Keesom (1876–1956) によれば，永久双極子 μ_1, μ_2 間の配向力による安定化は

$$U_\text{配向}(R) = -\frac{2}{3}\frac{\mu_1^2\mu_2^2}{(4\pi\epsilon_0)^2 k_\mathrm{B}T}\frac{1}{R^6} \tag{5.8}$$

で与えられる．つまり，配向力による安定化も誘起力や分散力と同様，$1/R^6$ に比例する．以上のことから，ファンデルワールス力による安定化は

$$U_\mathrm{vdW}(R) = -\frac{C_\mathrm{vdW}}{R^6} = -\frac{C_\text{配向}+C_\text{誘起}+C_\text{分散}}{R^6} \tag{5.9}$$

で与えられ，それぞれの寄与の大きさを決める係数は，式 (5.6)，式 (5.7)，式 (5.8) より，分子の永久双極子，分極率，イオン化エネルギーという基本的な物理量から算出可能であることが分かる．実際にいくつかの分子についてそれぞれの寄与を比較したのが表 5.2 である．

Ne から Xe は永久双極子を持たず，分散力のみの寄与がある．式 (5.7) からも分かる通り，分散力は分極率が大きいほど重要になる．分極率とは外部電場によって分子内の電子波動関数が変形を受けるかを示す量であり，原子番号の大きな元素を含む分子において大きくなる傾向がある[6]．HF から HI については永久双極子を持ち，配向力や誘起力の寄与も生じ

---

[6] 同様に考えると，π 電子を含む分子でも大きくなることが予想される．

表5.2 ファンデルワールス相互作用における3つの寄与 (20 °C)

| | μ | $\alpha/4\pi\epsilon_0$ | IE | $C_{配向}$ | $C_{誘起}$ | $C_{分散}$ |
	10^{-30} C·m	10^{-30} m^3	eV	10^{-79} J·m^6	10^{-79} J·m^6	10^{-79} J·m^6
Ne	0	0.39	21.6	0	0	3.9
Ar	0	1.63	15.8	0	0	50.4
Kr	0	2.46	14.0	0	0	102
Xe	0	4.00	12.1	0	0	233
HF	6.40	0.80	16.0	223	5.89	12.3
HCl	3.74	2.65	12.7	25.9	6.65	107
HBr	2.77	3.58	11.6	7.8	4.9	179
HI	1.48	5.40	10.4	0.638	2.13	364

るが，電子分布の揺らぎに起因する効果にもかかわらず，多くの場合に分散力がもっとも大きな寄与をしていることが分かる．

いかなる物質においても存在し，また多くの物質でその寄与が最も大きいこと[7]から，ファンデルワールス相互作用においてもっとも重要な寄与は分散力によるものだということができる．

5.1.6 分子間力が決める物質の性質

本章の冒頭でも述べたように，分子間力は分子が凝集してマクロな物質として我々の眼前に現れる場面で重要な役割を果たす[8]．分子間力による安定化は，平衡分子間距離 R が同程度だと考えれば，$1/R^n$ の n が小さいほど大きい．つまり，点電荷間の相互作用で安定化するイオン性

---

[7] 表に挙げたなかでの唯一の例外は HF であるが，これについては第5.2.1節でふれることにしよう．

[8] 凝集して液体となり固体となる過程は本来熱力学で議論すべきであり，分子間力と直接関係する内部エネルギー以外にエントロピーの寄与を考える必要があるが，ある程度のことは内部エネルギーの大小で議論できる．

物質の融点や沸点は，双極子間の相互作用で安定化する分子性物質に比べて著しく高いことが予想される．これは常温で食塩（融点 800.4 ℃，沸点 1413 ℃）が固体であり，窒素（融点 −210 ℃，沸点 −195.8 ℃）が気体であることを思い出せば納得できるだろう．

イオン性物質と分子性物質の間の定性的な違いだけでなく，図 5.2 に示したように，貴ガスの C_{vdW} と沸点の間には定量的な関係がある．貴ガス原子は永久双極子を持たないから $C_{vdW} = C_{分散}$ である．つまり，図からは原子番号が大きいほど $C_{分散}$ は大きく，沸点は高くなっているということを読み取ることができる．一般に「分子量が大きい分子ほど沸点は高い」と言われるが，その根拠はここにある．

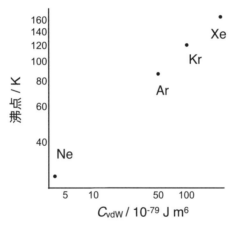

図 5.2　貴ガスの沸点とファンデルワールス相互作用

「分子量が大きい分子」を考えると，いま見たような「単原子分子」とは異なり，一般には分子量が同じであっても構造が異なる異性体が存在する．このとき，異性体ごとに分散力の強さは変わりうることに注意したい．例えばペンタン，2-メチルブタン，2,2-ジメチルプロパン

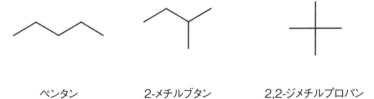

ペンタン　　　2-メチルブタン　　　2,2-ジメチルプロパン

は，いずれも C_5H_{12} の分子式を持ち分子量は共通だが，沸点はペンタン（36 ℃），2-メチルブタン（28 ℃），2,2-ジメチルプロパン（9.5 ℃）と異なっている．これらの沸点の違いは，構造の違いに起因する分散力の強さの違いに由来する．ペンタンは直鎖状，2-メチルブタンは炭素鎖に分岐があり，2,2-ジメチルプロパンでは中心の炭素を4つのメチル基が覆ったような構造になっている．つまり，上記の沸点が大きい順というのは，周りの分子と接する面積が大きい順ということになる．大きな分子で分散力が働くとき，きっかけとなる電子分布の揺らぎは局所的に生じる双極子であり，それによって誘起される双極子も表面近傍に局在する．このことから，同じ分子量であれば，より表面積の大きな分子ほど分散力は大きくなり，上記のような沸点の違いが現れるのである．逆に言えば，分子どうしの相互作用を考えるとき，

　　"接する面積が大きいほど，分散力による安定化が大きい"

という一つの指導原理が導かれることになる．

5.2　水素結合

5.2.1　HF の異常性

　図 5.2 と同じような比較を，永久双極子を持つ分子で行ってみると，異なる挙動を見せるものが現れる．図 5.3 は，表 5.2 の下半分の分子について，C_{vdW} と沸点の関係をプロットしたものである．これを見ると，ま

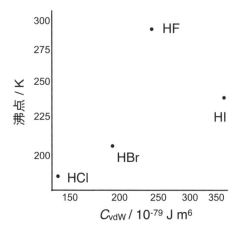

図 5.3　HX の沸点とファンデルワールス相互作用

ず HCl, HBr, HI については貴ガス原子と同様，分子量の増加とともに C_vdW が大きくなり，その結果として沸点が高くなる様子が見てとれる．一方で，HF は分子量が小さいにも関わらず C_vdW が大きいこと，また，その C_vdW の値にしては沸点が著しく高いこと，という 2 つの点で特異性を示している．このことを踏まえて表 5.2 を再び見てみると，HF は他の分子種と異なり，配向力が C_vdW に最も大きな寄与を与えている点が注目される．ここで，配向力は本来異方性を持つが，ファンデルワールス相互作用として考える際には熱平均によって等方的な相互作用として評価されていたことを思い出したい．Keesom の熱平均の表式は，永久双極子間の相互作用が熱エネルギーに比べて小さいと仮定して得られたものであるが，大きな永久双極子を持つ HF についてこの仮定は成立せず，$C_\text{配向}$ による分子間力は過小評価になっていると考えられる．したがって，大きな永久双極子を持つ分子の分子間力は，別の枠組みで扱う必要がある．

5.2.2 水素結合

大きな永久双極子を持つ分子の分子間力を扱うのに，まず最初に考えられるのは，本来の（熱平均をしない）永久双極子間の相互作用を考えるという方法である．例えば，HF であれば $H^{\delta+}F^{\delta-}\cdots H^{\delta+}F^{\delta-}$ を $\longleftarrow \cdots \longleftarrow$ とみなして $1/R^3$ に比例する安定化が得られるとする．しかし，ここで注意したいのは，$1/R^3$ に比例する双極子間の相互作用もまた，R が十分に大きいときの近似であるということである．相互作用が強くて分子どうしが接近した場合には，互いの詳細な電荷分布が見えてくる．HF のように $H^{\delta+}$ を含む場合には，これはほとんど裸のプロトンであるから，その大きさは極めて小さく，分子どうしはごく近くまで接近できる．このような場合，もはや互いを双極子と見るのではなく，（これも近似であるが）$H^{\delta+}F^{\delta-}$ のようにそれぞれの原子上に置かれた点電荷の集合とみなす方がより現実に近い．HF の場合にはどちらで考えても会合体は head-to-tail の構造をとると考えられるが，H_2O の場合には，図 5.4 のように，双極子間の相互作用としてはあり得ない構造が最安定である．

図 5.4　$(H_2O)_2$ の安定構造

この構造は，

$$O^{2\delta-}\cdots H^{\delta+}-O^{2\delta-}$$

のような電荷分布を考えればなんら不思議なことはない．あたかも水素原子が仲介役となって分子どうしをつないているように見えるこのよう

な局所構造は普遍的に存在し，**水素結合**として次のように一般化される．

> ─ 水素結合 ─
>
> 電気陰性度の大きな原子 X，Y の間に水素原子が介在して
>
> $$X \cdots H-Y$$
>
> のような配置をとることで成立する X と Y の結合を水素結合と呼ぶ．主に部分電荷間の静電相互作用によって安定化する．

水素結合は，水をはじめ，様々な分子集合体が高次構造を形成する上で鍵となる相互作用である．

5.2.3　水の特異な性質

水には様々な特異性がある．HF と同じく，分子量の割に融点（0 °C）や沸点（100 °C）が高いことは，水素結合に由来している．例えば 100 °C の沸点は，4 倍の分子量を持つ直鎖の C_5H_{12} の 36 °C と比べてもなお高い．また，水の密度は 4 °C で最大である．普通に考えれば固体である 0 °C 以下の氷の方が密度が高くなりそうであるが，水の場合はそうはならない．これは氷の水が図 5.5 のような隙間を持ったネットワーク構造をとっているためである．0 から 4 °C の領域では，ネットワークが崩れて間隙が埋まることにより密度が上昇する．

図 5.5 における酸素原子の配置に注目すると，これは炭素原子がダイアモンドにおいて作る配置と等価である．ダイアモンドの高次構造は，局所的に見れば正四面体で sp^3 炭素が連なってできている．氷にこの構造が現れたのは，H_2O の酸素が sp^3 混成をしており，そのうち 2 つに水素原子と共有電子対が，残る 2 つに非共有電子対が入っていることに起因している．ここで注目したいのは，水分子における電荷分布をそれぞ

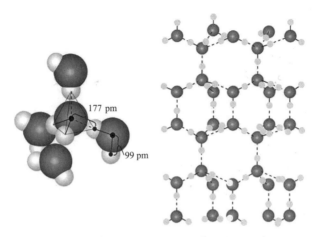

図 5.5 氷における H_2O のネットワーク

れの原子上に置かれた部分電荷，つまり

$$H^{\delta+}O^{2\delta-}H^{\delta+}$$

のように考えていては，図 5.5 のような高次構造を作ることができないということである．つまり，この構造は，酸素上の非共有電子対がそれぞれ sp^3 混成で規定される空間領域に局在していることの反映であり，水素結合においては正しい連続的な電荷分布間の相互作用を考える必要があることを示唆するものである．

5.3　分子の高次構造

　分子が会合して凝集するとき，分子間力の方向性によってさまざまな高次構造が現れる．さきほどの氷における H_2O のネットワークもその一例であった．以下で代表的なものを簡単に紹介しよう．

5.3.1 両親媒性分子が作る高次構造

両親媒性分子の典型はステアリン酸 $CH_3(CH_2)_{16}COOH$ で，以下のような構造をしている．

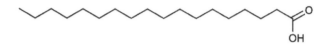

このうち，直鎖状の $CH_3(CH_2)_{16}$ の部分は非極性であるのに対し，末端の COOH は極性を持つ．つまり，この分子は1つの分子内に非極性溶媒（油）に溶ける部分と極性溶媒（水）に溶ける部分をあわせ持っている．この性質を**両親媒性**と呼ぶ．両親媒性分子は，図 5.6 に示されたミセルやベシクル，脂質二重膜といった多彩な高次構造を持つことが知られている．図中球で示されているのが極性部，紐で表されているのが非極性の直鎖アルキル部である．

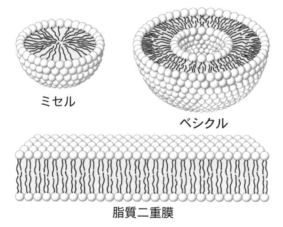

図 5.6　両親媒性分子が作る高次構造

5.3.2 たんぱく質の階層的な構造

たんぱく質は，アミノ酸がペプチド結合によって連なってできる紐状の高分子である．これをポリペプチド鎖と呼ぶ．ポリペプチド鎖におけるアミノ酸の配列のことを1次構造と呼ぶ．たんぱく質が合成された直後のポリペプチド鎖は，まさに紐状であると考えられる．しかしながら，ポリペプチド鎖は基本的に疎水性であるから，水溶液中では丸まった構造を取る方がエネルギー的に有利である．ここで大事なのは，たんぱく質はそのときどきで適当に畳まれるのではなく，いつも同じように畳まれるということである．その過程を図5.7に示した．

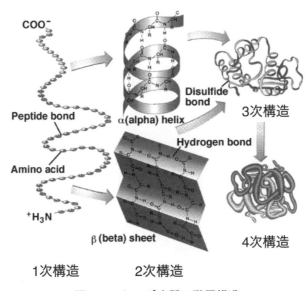

図 5.7　たんぱく質の階層構造

まず最初に形成される特徴的な部分構造を2次構造と呼び，代表的なものに α ヘリックスや β シートと呼ばれる構造がある．これらの形成時

には，水素結合が重要な働きをする．これらの部分構造ができあがったあとに，硫黄-硫黄結合や分散力によってポリペプチド鎖全体が折り畳まれてできる構造を3次構造と呼ぶ．さらには複数のポリペプチド鎖が会合することも一般的で，そうしてできる構造を4次構造と呼ぶ．これらの階層的な構造形成において，それぞれに分子間力は重要な役割を果たす．

6 | 光と分子：分子構造と機能 1

安池智一

《目標&ポイント》 我々が目にする自然界の色の多くに分子が関わっている．植物がもつ色素を例に，分子の色が構造によって規定された電子の運動によって決まることを学ぶ．
《キーワード》 π共役系，カロテノイド，フラボノイド，合成染料

6.1 分子に色がある理由

我々の身の回りには，様々な色に満ち溢れた世界が広がっている．その一つ一つにさしたる意味がないとしても，時として人は花や石の色に魅入られることがある．この身近な存在である色の背景にも，化学があり，それを支える量子力学の原理が存在している．つまり，分子がそれぞれ固有の離散的なエネルギー準位を持つことが関係している．

本節では，色が光のどのような特性に関係するかということ，そして光と分子の相互作用によってどのようにして分子に色が現れるかということについて見ていきたい．

6.1.1 波としての光

現代的な理解において「光は波でもあり粒子でもある」と考えられているが，色はその波としての側面に関係している．光の波動性が現れる身の回りの現象の代表例は，CD の表面に見える虹のような輝きである．CD の表面には周期的な凹凸があり，その凸部が光を反射する．光は CD

の表面に垂直に入射するとしたとき，光を波長 λ の波だとして凹凸の周期を d とすると，反射光は

$$d\sin\theta = n\lambda, \quad (n = 0, \pm 1, \pm, 2, \ldots) \tag{6.1}$$

を満たす角度 θ で強く観測される．これは，光路差が波長の整数倍に等しいという条件で，波が強め合う条件に他ならない．$n = 0$ は通常の反射で，どんな波長でもそのまま来た方向に反射されるが，それ以外の $n = \pm 1, \pm 2, \ldots$ の反射（回折と呼ぶ）については，波長によって強く観測される角度 θ が異なることになる．つまり，CD の表面の虹のような輝きは，入射光に含まれる様々な波長成分が空間的に分離されて見えるものであり，我々が光の波長の違いを色の違いとして認知することによって生じるのである．

CD よりも記憶容量の多い媒体として BD がある．記憶容量が多いということは，凹凸構造がより微細であることを意味する．実際には

$$d_{\text{CD}} = 1600\,\text{nm}$$
$$d_{\text{BD}} = 320\,\text{nm}$$

である．BD が手元にある人は比べてみてほしい．BD には CD で見られるような虹のような反射は見られないはずである．これはどういうことか．先ほどの強め合いの条件式を少し変形すると

$$\sin\theta = n\frac{\lambda}{d} \tag{6.2}$$

となるが，左辺には $|\sin\theta| \leq 1$ という条件がある．つまり右辺がこの条件を満たさなければそのような回折は起こらないということである．つまり $\lambda < d$ を満たすことが $n \neq 0$ の回折が起こる条件である．そのように考えると，我々が普段目にしている可視光の波長は，1600 nm よりも短く，320 nm よりも長いということが推測される．

光が波であることは，CD 表面での回折から明らかであるが，波であるからには媒体が必要である．ただし，太陽光が地球に届くことを考えると，それはいわゆる物質であるとは考えられない．実際には光は電磁場の波——つまり**電磁波**である．図 6.1 に電磁波の波長と呼称を示した．これを見ると可視光がおおよそ 400〜800 nm の範囲の電磁波であることが分かる．これは前節で推測された波長領域と確かに対応していることが分かる．可視光の波長は太陽光のスペクトルが強い波長領域とよく対応し，我々の視覚は地球環境に適応して進化したものと考えられる．

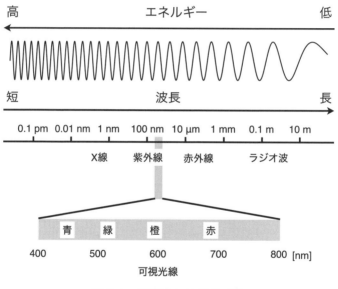

図 6.1 電磁波の波長と呼称

6.1.2 粒子としての光

M. Planck (1858–1947) と A. Einstein (1879–1955) は，物質とエネルギーのやりとりを行うとき，光は

$$E = h\nu \tag{6.3}$$

のエネルギーを持つエネルギー量子（**光子**）として振るまうことを示した．ここでνは電磁波の振動数である．

波は一般に空間周期である波長λと時間周期$\tau\,(=1/\nu)$を使って

$$f(x,t) = A\sin\left[2\pi\left(\frac{x}{\lambda} - \frac{t}{\tau}\right)\right] \tag{6.4}$$

と書くことができる．sin関数の括弧内を波の位相と呼ぶが，波面において位相は一定値を取る．例えば括弧内が0となる波面においては

$$x = \frac{\lambda}{\tau}t = \lambda\nu t \tag{6.5}$$

が成立するから，波面は時間とともにxが大きくなる方向に移動することが分かる．このときの速度dx/dtを位相速度と呼び，光の場合にはこれが光速cに一致する．つまり

$$c = \lambda\nu \tag{6.6}$$

が成立する．このことから，光子エネルギーは電磁波の波長と

$$E = h\nu = \frac{ch}{\lambda} \tag{6.7}$$

のように関係づけることができる．この式を見ると，波長が短いほど，対応する光子のエネルギーは大きいことが分かる．

6.1.3 光と分子の相互作用

原子や分子は荷電粒子の集合体であるから，電磁場の波である光と相互作用し，エネルギーのやりとりを行う．このとき，前節で見たように，ある波長の電磁波はあるエネルギーの光子としてふるまう．一方で，第2章で見たように，原子や分子は離散的なエネルギー準位を持っている．

これらがエネルギーのやりとりを行うには，光子のエネルギー $h\nu$ と，原子や分子のエネルギー準位差 ΔE が

$$h\nu = \Delta E \tag{6.8}$$

のように一致していなければならない．この条件は，最初に提案した N. Bohr (1885–1962) の名前を採って**ボーアの振動数条件**と呼ばれる．

以上見てきたことをまとめると，身の回りの物質に色がついている理由は

1) 太陽光は様々な波長成分を含む電磁波である
2) 物質はエネルギー準位差に相当するエネルギーの光子を吸収する
3) 物質が吸収しなかった光を我々は知覚する

のようにして理解することができる．例えば，青い色を吸収する分子に白色光があたったとすると，我々の目には黄色く見えることになる．白色光からある色を減じたときに何色に見えるかは簡単ではないが，大雑把には，色彩学でいう加法混色のサークル（図 6.2）でその色の傾向をつかむことができる．

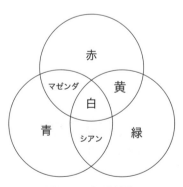

図 6.2　加法混色

6.2 色を担う分子

6.2.1 インジゴ

　ブルー・ジーンズの青色染料としてお馴染みのインジゴは，古くから全世界的に使われてきた．これは，インジゴの前駆体のインジカンが世界各地の様々な植物に含まれていることによる．図 6.3 にあるように，インジカンとは，インドキシルに糖であるグルコースが脱水縮合した**配糖体**である．インジカンには色はなく，例えば日本で藍染に用いるタデアイの葉の色は，普通の植物の葉と同じく，クロロフィルによる緑色である．インジカンは酵素による加水分解によってインドキシルとなり，空気酸化によってインドキシル 2 分子から青いインジゴ 1 分子を生じる[1]．

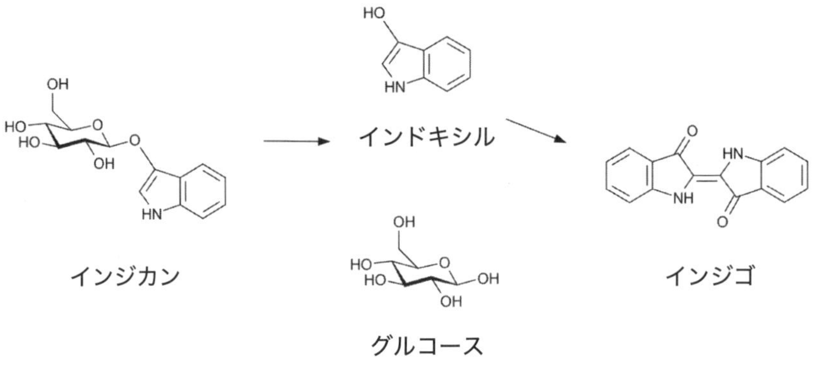

図 6.3　インジゴ

---

[1]　なお，インジゴには OH 基がなく水に不溶であるため，一旦 C=O 部分を還元によって C–OH としたロイコ体として水溶性にして布に染み込ませ，その後再び空気酸化することによって染色を行う．OH 基と水溶性の関係，C=O の還元については後の章で学ぶ．

インジカンは様々な植物に含まれているが，その含有量がとくに多いのがインドのキアイである．ヨーロッパにもインジカンを含み青色染料として使えるウォードがあったが，その含有量はキアイの 10 分の 1 と少ない．このため，染め上がりに大きな差があった．この鮮やかな青色をヨーロッパの人たちが知ることになったきっかけはアレキサンダー大王の東征であったと言われる．シルクロードの交易品としても珍重されたらしい．そして，中世にはインドからの輸入が広く行われるようになる．インジゴの名はインドに由来する．

一般に天然色素には赤や黄色が多いためか，青や紫は世界中で高貴な色として珍重された．例えば日本で冠位十二階が定められたとき，位階を表す 6 色は位階の高い順に紫・青・赤・黄・白・黒と，青系統が上位を占めた．この青よりもさらに上位の紫は，さらに珍しい．花の色で紫色は珍しくないかもしれないが，染料として安定に紫色を呈するものは少なかったとみえる．ヨーロッパの王族や聖職者が用いた紫染料はシリアツブリガイと呼ばれる貝から採った貝紫である．1.5 g の染料を得るのに 1 万個もの貝が必要で，極めて貴重であったことが分かるだろう．この貝から採れる紫の色素は図 6.4 の左にあるように，植物から採れるインジゴの臭化物（6,6′-ジブロモインジゴ）である．生物の世界は多様に見えて，共通点も多い．その後ヨーロッパでは乱獲のために紫を用いるこ

6,6′-ジブロモインジゴ   シコニン

図 6.4　紫色素

とができなくなり，貴族はそのステータスを示す色として次第に青を用いるようになった．なお，日本で紫染料として用いられたのは，同図右に掲げたシコニンで，ムラサキの根から採れる．その組成および構造の解明に最初に取り組んだのは，日本最初の帝国大学女子学生の1人，黒田チカ（1884–1968）である．

6.2.2 アリザリン

もう一つ代表的な植物色素を紹介しよう．それはセイヨウアカネの根から採れるアリザリンである（図 6.5 左）．アカネの名のとおり，赤い根に含まれる赤い色素である．セイヨウアカネもやはりインドが原産で，ペルシャ，シリアを経てトルコやヨーロッパでも広く栽培されるようになった．なお，日本で利用されたアカネの根の主成分は同様の構造を持つプルプリンである（図 6.5 右）．

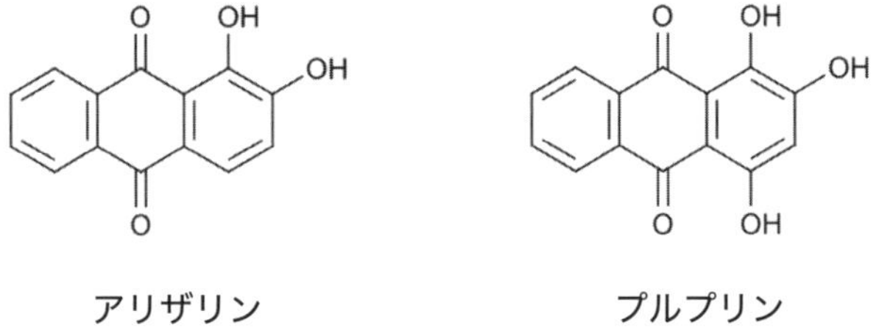

アリザリン　　　　　　　プルプリン

図 6.5　赤色素

6.2.3 花の色

上記の染料に用いられた色素は葉や根など，一見目立たないところから得られたものであった．一方，色とりどりに我々の目を楽しませてくれるのはなんと言っても花弁である．花といっても様々で，また，例えば同じ朝顔も様々な色の花を咲かせるが，それらの色の原因となる分子は大

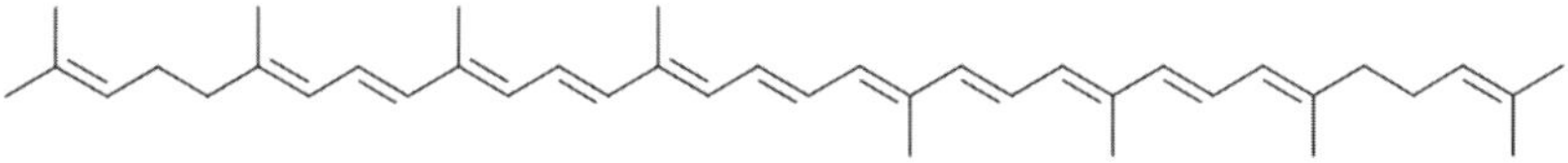

リコペン

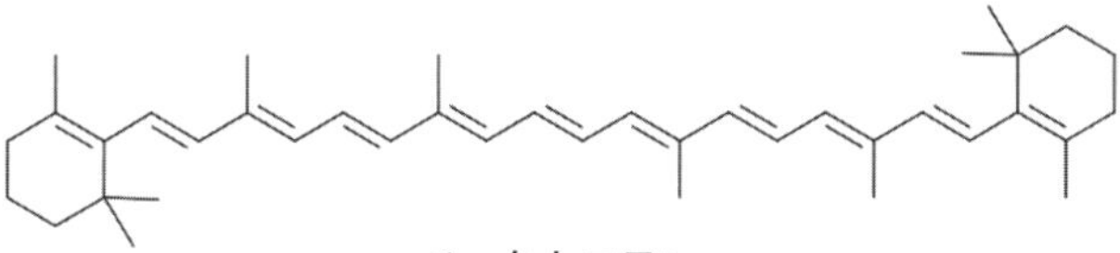

ベータカロテン

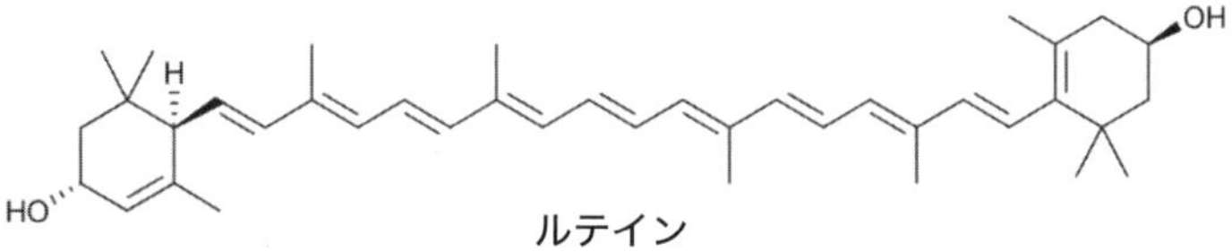

ルテイン

図 6.6　代表的なカロテノイド

きく分けて 2 つのグループに分類される．一つはカロテノイド（図 6.6），もう一つはフラボノイドである（図 6.7）．

カロテノイドは色素体に含まれる脂溶性の C_{40} 化合物でテトラテルペノイドとも呼ばれる．生体内では見かけ上イソプレン単位がいくつか集まった構造をもつ多様な物質が合成される．例えば，イソプレン 2 つからなる C_{10} 化合物をテルペノイドと呼び，C_{40} 化合物はそれらが 4 つ集まったということでテトラという接頭語が付く．カロテノイドは黄～橙～赤を示すことが多い．花の色素としてはルテインが多く，黄色いキクや一部の黄色いバラ，そしてマリーゴールドに見られる．また，カロテノイドの名称はベータカロテンに由来し，橙色のベータカロテンは人参に多く含まれることからその名前がある．赤色のリコペンはトマトに多く含まれている．

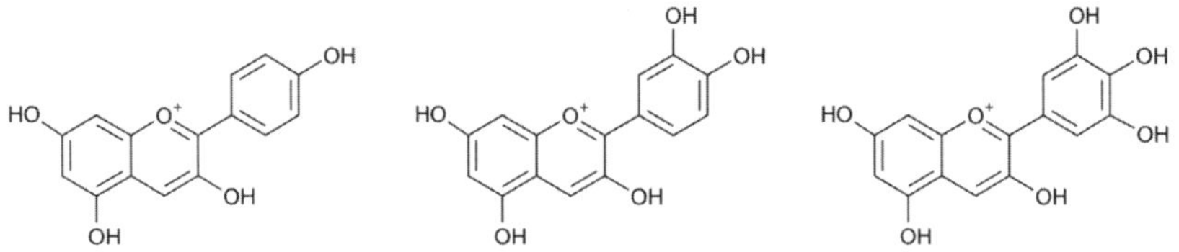

ペラルゴニジン　　　　シアニジン　　　　デルフィニジン

図 6.7　代表的なフラボノイド

フラボノイドは図 6.7 に示したような 3 環性の骨格を持つポリフェノールである．フェノールとはベンゼンなどの芳香族環に OH 基がついた化合物の総称で，ポリフェノールとは複数の OH 基があることを指す．図 6.7 に示した 3 つの分子も確かにこの定義を満たすことが分かるだろう．ペラルゴニジンは真っ赤なゼラニウムに，シアニジンは赤紫色のキク，赤いバラに，デルフィニジンは青いデルフィニウムに含まれる色素である．発色の機構は必ずしも単純ではないが，一番右のベンゼン環の OH 基の数がその鍵を握っていることが想像できるであろう．自然界に青いバラが存在しないのは，バラが一番右のベンゼン環に 3 つ目の OH 基を導入する酵素を持っていないことがその主因であると考えられている．

6.3　色を担う構造

6.3.1　π 共役系

前節では色を担うさまざまな分子を紹介した．それらの間にはある共通点があるが，それが何だか気がついただろうか．ケクレ構造式を眺めていると，色を担う分子には一般に，単結合と二重結合が交互に並んだ共通の構造モチーフがあることが見えてくる．これを π 共役系と呼ぶ．省略された水素原子を補って構造を見直すと，π 共役系は sp^2 原子が連

なるネットワークであることが見て取れるはずだ.

　sp^2 原子としてまず第一に炭素を考えよう. 3 つの sp^2 混成軌道に入った電子は隣接する 3 つの原子とそれぞれ共有結合を作る. この共有結合は互いに $120°$ を成し同一平面上にあることを学んだ. この平面に垂直な方向の, 混成に参加しなかった p 軌道の電子はいわば宙ぶらりんになっている. ところで, sp^2 原子として共役に参加するのは炭素だけとは限らない. 例えば, 図 6.7 中の $+1$ の電荷をもつ酸素（価電子 5 つ）を考えると, 2 つの sp^2 混成軌道が隣接 2 原子と共有結合を作り, もう一つの sp^2 混成軌道には自身の 2 電子が入り非共有電子対として存在するが, やはり混成に参加しなかった p 軌道の 1 電子が宙ぶらりんになっている. これらの sp^2 原子がそれぞれもつ宙ぶらりんの p 軌道の 1 電子のネットワークこそが π 共役系にほかならない. ここで π が付いているのは, sp^2 混成軌道が作る分子結合軸に垂直な p 軌道は必ず節面を 1 つ持っているからである [2].

　sp^2 原子がもつ宙ぶらりんの p 軌道の線形結合として π 共役系全体に広がった分子軌道が作られる. そのような非局在化した分子軌道に 2 つずつ電子が入る. 本来そのような電子構造はケクレ構造式で表現することができない. 二重結合として表現される結合線はそこに局在化した π 軌道を表象しているはずだからだ. しかし, 便宜的に隣接した原子と組みを作り, 局在 π 軌道を仮定してケクレ構造式を書くと, π 共役系では単結合と二重結合が交互に並ぶことになる. 色を担う分子のケクレ構造式に, この特徴的な構造モチーフが現れたとき, そこには共役系全体に広がった π 電子をイメージするのが望ましい. そして, これこそが色を担っていることを次節で説明しよう.

---

[2] 分子軸周りの節面の数が $0, 1, 2, \ldots$ の軌道を一般に, $\sigma, \pi, \delta, \ldots$ 軌道と呼ぶ.

6.3.2 1次元の箱の中の粒子とレチナール

分子がもつ離散的な準位間のエネルギー差が分かれば，分子の色が分かるはずであるが，分子の離散準位を求めることはなかなかに複雑な問題である．しかしながら，前節で述べた π 共役系が 1 次元的であれば，π 共役系の電子のふるまいを 1 次元の箱の中の粒子のものと見てもよいだろう．例えば，ブタジエン C_4H_6 について考えてみると，π 電子は 4つ．長さ L の箱に束縛された質量 m の粒子のエネルギー準位は，ド・ブロイの物質波の式から

$$E_n = \frac{n^2 h^2}{8mL^2} \tag{6.9}$$

であった．エネルギーの低い順に下から 2 つずつ軌道に電子が入っていくことを考えると，最も励起エネルギーの小さな遷移は $n = 2 \to 3$ の遷移であると考えられる．C–C 結合一つあたり $140\,\mathrm{pm}$ を仮定すると，$L = 3 \times 140 = 420\,\mathrm{pm}$ であり，

$$\Delta E = (3^2 - 2^2)\frac{h^2}{8mL^2} = 1.708^{-18}\,\mathrm{J} = 10.66\,\mathrm{eV} \tag{6.10}$$

となる．$\lambda = ch/\Delta E$ で波長に直すと，おおよそ $116\,\mathrm{nm}$ となりこれは紫外線領域に相当する．ブタジエンは無色であるが，これは可視光を吸収しないことによることが分かる．共役長を伸ばしてみよう．我々がベータカロテンを摂取すると，体内でちょうど半分に分解されて末端が –CHO となった**レチナール**を生じる（図 6.8）．レチナールも元はカロテノイドであるから，その共役系は 1 次元的である．レチナールの場合，共役系

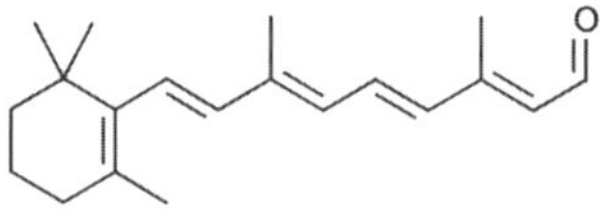

図 6.8　レチナール

に含まれる sp^2 原子は末端の酸素も含めて 12 個であり，π 電子も 12 個であるから，$n = 6 \to 7$ の遷移に相当するエネルギーを求めればよい．ただし，$L = 11 \times 140\,\mathrm{pm} = 1.54\,\mathrm{nm}$ である．実際に計算してみると，$n = 6 \to 7$ の遷移のエネルギーはおおよそ $2.0\,\mathrm{eV}$ で，対応する波長に直せば $620\,\mathrm{nm}$ となる．実際のレチナールの吸収の極大波長は $368\,\mathrm{nm}$ であるが，単純なモデルによる評価としては上出来であろう．

レチナールの吸収の極大波長は，たんぱく質環境下で可視光領域にシフトし，我々の目の網膜 (retina) において受光素子として用いられている．可視光を吸収してレチナールの構造が変わることで脳へシグナルが送られる．実際には吸収波長が少しずつ異なる 3 種類のレチナールが存在し，それぞれ R，G，B を主に担当する受光素子となることで，我々は色を区別することができるようになっている．

6.3.3　色素の化学合成

色を担う分子の構造モチーフとして，環状構造も目に付くであろう．環状構造を持つ炭化水素が容易に手に入るとすれば，その改変によって労働集約的に生産されて高価な色素を人の手によって安価に合成することが可能となる．19 世紀にはコークスを用いた製鉄が盛んになっていたが，石炭を乾留してコークスを作る際に生じる副産物（コールタール）に多くの環状炭化水素が含まれていることが明らかとなり，ドイツでこれを原料とした色素の化学合成が実現された．当時インジゴは植民地を持つ国々で奴隷の使役によって生産され，高価で取引されていたが，この植民地を持たないドイツでの新技術によってその価格は暴落することとなった．ありとあらゆる色素が合成されるようになり，一般市民が色とりどりの衣服を楽しむ時代が訪れたのである．

演習問題 6

1. リコペン $C_{40}H_{56}$ の最低励起エネルギーは何 eV であるか．1 次元の箱の中の粒子のモデルによって計算せよ．ただし，1 つの C–C 結合の長さは 140 pm とし，$m = 9.11 \times 10^{-31}$ kg, $h = 6.63 \times 10^{-34}$ J·s, $e = 1.60 \times 10^{-19}$ C であるとする．

解答

1.

$$\Delta E = \frac{(12^2 - 11^2)(6.63 \times 10^{-34})^2}{8(9.11 \times 10^{-31})(21 \cdot 140 \times 10^{-12})^2(1.60 \times 10^{-19})} = 1.00\,\text{eV}$$

7 | 人と分子：分子構造と機能 2

鈴木啓介

《目標&ポイント》 我々の生命活動は外界から取り込むさまざまな分子によって支えられている．毒や薬の作用，味や香りが小分子と生体分子との3次元空間における鍵と鍵穴の関係で決まることを学ぶ．
《キーワード》 構造異性体，立体異性体，鏡像異性体，ラセミ体，ジアステレオマー，受容体，構造活性相関

7.1 分子の立体構造

我々人間は，外界からさまざまな分子を取り入れてさまざまに加工して自らの身体を作り，活動に必要なエネルギーを得る．このため，外界に存在する分子は自然と身体に取り込まれるようになっているが，外界には我々にとって必要なものから不要なものまでさまざまな分子が存在する．食べられるものと食べられないものを区別することは重要である

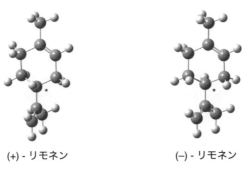

(+) - リモネン　　　　(−) - リモネン

図 7.1　2 種類の $C_{10}H_{16}$

が，嗅覚や味覚はそれらを区別するための一助となっている．ところで分子を区別すると一言で言っても，それはなかなか大変なことである．例えば我々が混合物を分離する際には沸点の違いなどを利用するが，嗅覚や味覚においてはもっと繊細な区別がなされている．例えば，図 7.1 に示された 2 つの分子はいずれも 176 °C の沸点を持つが，我々には異なる匂いを持つ物質として認識される．左の (+)-リモネンはオレンジの匂い，右の (−)-リモネンはレモンの匂いがする．これら 2 つの分子は似ているが，よく見ると図中の小さな ★ が付けられた sp^3 炭素原子において H 原子と C_3H_5 基の付き方が逆で，実は 3 次元空間における立体構造が異なっている．ヒトと分子の"相互作用"を考えるとき，このような分子の立体構造の違いが重要になる．本章では，立体化学と分子認識の基礎について見ていくことにしよう．

7.1.1 分子構造を示すいくつかの方法

第 4 章で見たように，炭素化合物には様々な構造のバラエティがある．このため，炭素化合物の構造を表すにはいくつかの方法があり，これらを目的に応じて適宜使い分ける．

> **構造式**
> 炭素化合物の構造を示すために使われる化学式を構造式と呼ぶ．

構造式においては，分子を構成する各原子がどの原子と結合しているかを，線で表示する．炭素化合物の構造を表示しやすくするために，簡略化された構造式がよく使われる．以下に，酢酸エチル ($CH_3CO_2C_2H_5$，分子式 $C_4H_8O_2$) の構造式の例を示す．すべての結合を書く代わりに，炭素に結合した水素を CH_3 などとまとめて書くことができる．さらに簡略化して炭素鎖を折れ線で表示することもある．これは**骨格構造式**と呼

ばれる．骨格構造式では，原子を明示していない限り，折れ線の頂点と末端には炭素があることを示し，炭素に結合した水素（官能基の一部であるときは除く）は省略する．これは，複雑な有機分子の構造を表示するために便利である．

立体構造式

結合の向きを区別した3種類の線を用いて分子の立体構造を表す方法であり，破線-くさび形表示ともよばれる．紙面内にある結合は実線，紙面より後ろへ伸びた結合はくさび形の破線（ ⋯⋯ ），紙面から手前に伸びた結合はくさび形の実線（ ◀ ）で表す．

乳酸の表示例を次に示す．

ニューマン投影式

原子の位置を注目する結合軸の方向から見た図で示す方法である．

エタンを例にとろう．手前側の炭素は3本の線の交点で表される．一方，大きな円は向こう側の炭素を表しており，向こう側のC–H結合の一部が隠されたように表現される．これは，となり合う炭素の置換基どうしの関係を示すのに便利な方法である．

7.1.2 異性体

同じ分子式（分子を構成する原子の種類と数）をもつが，性質の異なる化合物を異性体と呼ぶ．異性体は，構造異性体と立体異性体に大別される．立体異性体は，鏡像異性体とジアステレオマーに分類される．また，別の基準により立体異性体は，配座異性体と配置異性体に分類される．以下，順番に説明する．

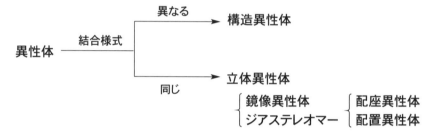

- **構造異性体**

同じ分子式をもつが，結合様式（すなわち結合の順序と種類）が異なる化合物どうしを構造異性体という．

例えば，第 5.1.6 節ですでに見たように，分子式 C_5H_{12} で表される炭化水素には，3 種の構造異性体が存在し，それぞれ沸点が異なる．構造異性体は分子式が同一なだけで異なるトポロジーを持つ化合物であるから，一般に物理的性質や化学的性質は異なる．

また，分子式 C_4H_8 の炭化水素には，A から E の異性体がある．これらの中で B と C との関係は，原子の並びは共通であるが，C=C 結合が通常の条件では回転できないことによる立体異性体（後述のジアステレオマー）である．

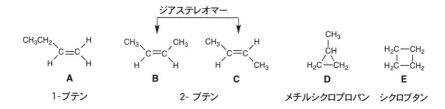

構造異性体はもちろん炭化水素以外にもある．例えば，エタノールとジメチルエーテルは両者ともに分子式 C_2H_6O であるが，結合様式が異なるので構造異性体である．これらは分子の性質を特徴づける官能基（第14章参照）が異なるので，物理的性質や化学的性質も大きく異なる．また，右側のプロパノールの例では，官能基はヒドロキシ基で共通であるが，その位置が異なることによる構造異性体である．

エタノール　　　ジメチルエーテル　　1-プロパノール　　2-プロパノール
沸点 78℃　　　沸点 −25℃　　　　沸点 97℃　　　　沸点 82℃

二置換ベンゼンであるジクロロベンゼンには，3種の構造異性体が存在する．これらは，炭素に位置を示す番号をつけて 1,2-，1,3-，1,4-異性体，あるいは慣用的にオルト体，メタ体，パラ体とよぶ．

オルト　　　　メタ　　　　パラ

> **立体異性体**
> 結合の順序は同じであるが，三次元的な関係が異なる化合物を立体異性体と呼ぶ．

7.1.3 立体異性体

立体異性体は，元の構造と鏡像が重なり合うかどうかで，鏡像異性体とジアステレオマーに分類される．また，単結合周りの回転で同一物になるかどうかにより，配座異性体と配置異性体とに分類される．以下，順に説明する．

> **鏡像異性体（エナンチオマー）**
> 乳酸のように，元の構造と鏡像関係にあって互いに重ね合わせることができない（このような幾何学的な性質をもつことをキラルとよぶ）一対の立体異性体を鏡像異性体（エナンチオマー）という．
>
> $(+)$-乳酸　　鏡面　　$(-)$-乳酸

鏡像異性体は，平面偏光（特定の方向に振動する光）を回転させるという特徴的な性質をもつ．図 7.2 の右側のように，偏光板を通して得た平面偏光を鏡像異性体の溶液に通すと，平面偏光がどちらかの向きに回転する．このとき回転角 α を**旋光度**とよび，右回りに回転する性質を右旋性（符号 $+$），左回りに回転する性質を左旋性（符号 $-$）と定義する．

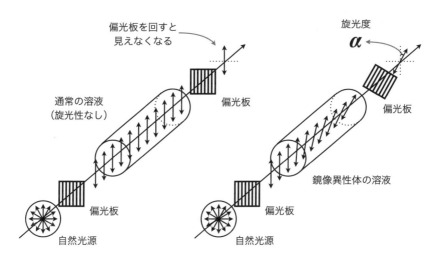

図 7.2　鏡像異性体の示す旋光性

　一対の鏡像異性体は，絶対値が同じで符号が異なる旋光度を示す．それ以外の物理的性質（沸点や融点，密度など）は同じである．どのような場合に，鏡像異性体が存在するだろうか．乳酸分子では，4つの異なる置換基をもった炭素〔不斉炭素（キラル炭素）〕が存在し，分子全体として対称面がない．なお，鏡像異性体が同量混じったものは**ラセミ体**と呼ばれ，その旋光度は旋光性が打ち消しあってゼロとなる．

―― ジアステレオマー ――――――――――――

立体異性体のうち鏡像異性体ではないものをジアステレオマー（ジアステレオ異性体）という．ジアステレオマーでは，対応する原子間の距離が異なる．上述の鏡像異性体とは異なり，ジアステレオマーは互いに鏡像の関係にはなく，異なる物理的性質および化学的性質を示す．

ジアステレオマーの例の一つに，マレイン酸とフマル酸の関係のように，アルケンのシス-トランス異性体がある．

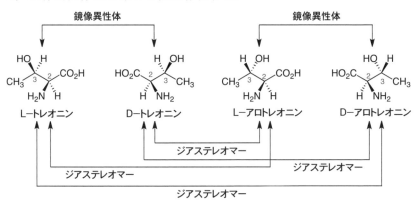

また，複数の不斉炭素をもつ化合物にもジアステレオマーがある．例えば，トレオニン（必須アミノ酸の1つ）は2つの不斉炭素をもっている．天然体はL体であるが，その鏡像異性体のD体があり，さらにジアステレオマーに相当するアロトレオニンにも鏡像異性体がある．したがって，立体異性体は全部で4種類存在する．

酒石酸も不斉炭素を2つもつので，やはり4種類の立体異性体があるように思われる．たしかにD体とL体とは鏡像異性体の関係にある．しかし，その右に2つ示したジアステレオマーは実は同一分子である．一方の構造を180°回転させると重なり合うことを確かめてほしい．また，別の見方としては，Aのように描くとこの分子には対称面があるので，キラルでない，すなわち光学活性でないことが分かる．このように不斉炭

素を複数もつが，元の構造と鏡像とが重なり合うため光学活性を示さない化合物を**メソ化合物**と呼ぶ．

配座異性体と配置異性体

立体異性体のうち，同じ分子の中で単結合の回転だけによって変換することができるものを配座異性体という．一方，単結合まわりでの回転では相互変換できない立体異性体を配置異性体という．

上述の鏡像異性体やアルケンのシス-トランス異性体は配置異性体であり，相互に変換するためには少なくとも1本の結合を切断する必要がある．したがって，通常の条件では相互変換が起こりにくく，分離することも可能である．一方，単結合まわりの回転は速く，配座異性体は一般にすばやく相互変換を起こすため，配置異性体とは異なり通常の条件では分離できない．次節では，いくつかの分子の配座異性体について説明する．

7.1.4 立体配座

a. エタンおよびブタンの構造と立体配座

エタンのニューマン投影式を見てみよう. C–C 結合を回転させていくと無数の構造が現れる. このように単結合の回転により生じる空間的な原子配置を**立体配座**とよぶ. エタンの C–C 結合を回転させたときのエネルギーの変化をみると, 回転角 60° ごとに極大点と極小点が交互に現れる. 極大点に相当する立体配座が重なり形配座であり, 水素どうしが近接しておりエネルギー的に不利である. 一方, 極小点に相当するのはねじれ形配座である. "σ結合は自由回転"と思われるかもしれないが, このように実際には回転に伴ってエネルギー的な上下動がある. しかし, エネルギー障壁 (12 kJ/mol) は小さく, ねじれ形配座どうしは, 一定の制限を受けながらも, 非常に速やかに相互変換している.

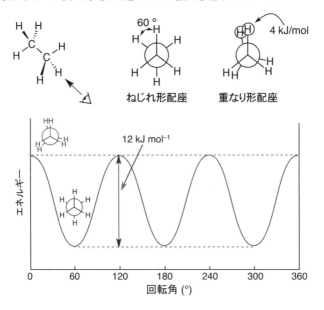

ブタンのC2−C3結合まわりの回転に注目しよう．この場合，安定なねじれ形配座は，下図に示すように2種類ある．メチル基どうしが近いものAを**ゴーシュ配座**，他方Bを**アンチ配座**と呼ぶ．AとBとは互いに配座異性体の関係にある．これらを比べると，Bのほうがエネルギー的に有利であり，メチル基どうしの立体反発のあるAはエネルギーが高い．一方，重なり形配座の中では，メチル基どうしが重なった配座が最も高いエネルギーをもつ．この配座とBのアンチ配座とのエネルギー差 (25 kJ/mol) が，C2−C3結合まわりの回転のエネルギー障壁となる．この値はエタンのC−C結合の場合より大きいが，回転を止めるほどには大きくなく，C2−C3結合は室温において速やかに回転している．

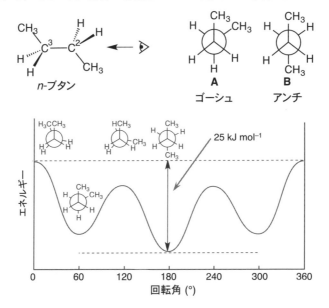

b. シクロアルカンの構造と立体配座

環構造は，有機化合物の多様性の起源の一つである．シクロアルカン（環状アルカン）は環構造による制限があるので，鎖状アルカンと比べ，その立体配座には特徴的な側面がある．

シクロプロパン　　シクロブタン　　シクロペンタン　　シクロヘキサン

ここではシクロヘキサンの立体配座について述べる．その炭素原子はすべて sp^3 混成である．重要なことは，その安定構造が平面ではなく，いす形に折れ曲がっていることである．ニューマン投影式を見てほしい．この**いす形配座**では，すべてのC-C-C角は四面体角に近く，また6組のC-C結合はすべてゴーシュ形となる．このいす形構造には2種類の水素がある．すなわち，六員環の平均平面からみて，上下方向に伸びた6つのアキシアル水素（灰色で示した）と，横方向に張り出した6つのエクアトリアル水素である．しかし，室温付近では，2つのいす形配座A，Bの間で環反転が容易に起こるため，アキシアル水素とエクアトリアル水素とは素早く相互変換している．この環反転は，複数の単結合まわりの回転が連動して起こる．そのため，環反転のエネルギー障壁は約 45 kJ/mol とエタンやブタンのC-C結合の回転に比べて大きい．しかし，室温付近で環反転を止めるには不十分であり，A，Bの間の相互変換は速やかに起こっている．

なお，シクロヘキサンには**舟形配座** D もあるが，いす形配座よりもずっと不利であり，約 29 kJ/mol もエネルギーが高い．これは，D のように水素原子どうしの立体反発にあり，また，ニューマン投影図 E をみても，二組の C–C 結合について重なり形配座であることから，その理由がうかがえる．

7.2 生体内における分子認識

7.2.1 生体反応における「鍵と鍵穴」

アルコール飲料やパンを作るときに酵母が使われることを知っている人も多いだろう．この糖からエタノールと二酸化炭素を得る酵母の働き

$$C_6H_{12}O_6 \longrightarrow 2\,C_2H_5OH + 2\,CO_2 \tag{7.1}$$

をアルコール発酵と呼ぶ．酵母とは微生物であり，発酵は当初，生命の示す不思議な作用と考えられていたが，そのうち酵母の中にある物質——酵素[1] の作用であると考えられるようになった．1894 年にドイツの有機化学者 H. E. Fischer（1852–1919）は，ある種の酵素が，デンプンや麦芽糖には作用するのに，わずかに構造の異なるセルロースや乳糖には作用しないことに注目し，このような反応基質に関する特異性が酵素反応の本質であると考え，「**鍵と鍵穴**」のモデルによってその作用を説明した．すなわち，図 7.3 に示されるように，酵素は反応基質と複合体を形成し，生成物へ至る途中の遷移状態を安定化することによって特定の

---

1) 酵素を示す enzyme の語源は in yeast という意味のギリシャ語．

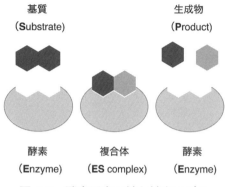

図 7.3　酵素反応の鍵と鍵穴モデル

基質のみが反応すると考えた．この複合体の形成において，酵素は反応物と空間的に相補的な構造を持っていると考えられているわけである．Fischer の時代にそれが本当かどうかを確かめる術はなかったが，1967 年にバクテリア細胞壁の多糖類を分解するリゾチームという酵素の 3 次元構造が得られ，実際に多糖類がうまく填まるポケットを有していることが明らかとなった（図 7.4）．

図 7.4　リゾチームと糖の複合体

その後も様々な酵素の構造解析が行われ，この鍵穴は一般にタンパク質でできていることが明らかとなった．タンパク質は20種類のアミノ酸からなる高分子であり，生体内ではその一次元配列の並びをうまく選ぶことによって夥しい種類のタンパク質が作られている．例えば，リゾチームはアミノ酸129個からなるが，アミノ酸129個からなる可能なタンパク質の種類は

$$20^{129} \sim 6.8 \times 10^{167}$$

に及ぶ．この膨大な自由度を活かして，生物は必要な反応に適した酵素を自ら作っている．タンパク質が持ちうる分子認識能は，酵素以外にも，嗅覚をはじめとした各種受容体においても利用されている．

7.2.2 受容体

生体内で分子認識を行う機能に特化したタンパク質を**受容体タンパク**と呼ぶ．その中でも特に大きな一群をなすのが，**Gタンパク質共役型受容体** (G-protein coupled receptor, GPCR) と呼ばれるもので，Gタンパク質を介して細胞内にシグナルを伝える．ポリペプチドの鎖が細胞膜

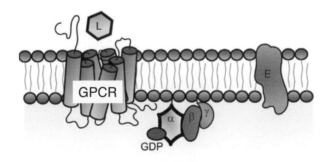

図7.5 Gタンパク共役型受容体

の脂質二重層を7回貫通する構造的特徴があり，7回膜貫通型受容体とも呼ばれる（図7.5）．Gタンパク質とは，グアノシン三リン酸 (guanosine triphosphate, GTP) に結合するタンパク質のことで，GTPは細胞内のシグナル伝達やタンパク質の機能調整に用いられる．図の左上にあるLはリガンド分子を表していて，これがGPCRの7つのドメインに囲まれた領域で認識されるとGPCRはGタンパク質と結合してシグナル伝達が開始される．ヒトゲノムにはおおよそ800種類のGPCRがコードされており，様々な化合物の受容体として働いている．

GPCRはまさに五感を司るタンパク質で，味覚や嗅覚にも密接に関係している．**味覚**における5つの基本味（甘味，うま味，苦味，塩味および酸味）があり，甘味は炭水化物，うま味はたんぱく質，苦味は毒物，塩味はミネラル，酸味は腐敗物の指標として機能していると考えられている．これらのうち，塩味と酸味の主体はNa^+，H^+などの小さなイオンであり，イオンチャネルが受容体の働きをしていると考えられているが，残りの甘味，うま味，苦味の受容体はGPCRであって，中程度の大きさの分子を選択的に受容する．3種のなかでは，危険察知に関係する苦味受容体に対応する遺伝子の数は36ともっとも多い．

嗅覚は味覚に比べてかなり複雑で，ヒトには396種類のGPCRに対応する嗅覚受容体遺伝子があることが知られている．これはヒトゲノム中のGPCRコード800種類の実に半分に相当する．哺乳類は当初夜行性であり，嗅覚は周囲の環境の感知のために重要であったと考えられている．

7.3 味と匂い

7.3.1 うま味と甘味——分子認識の選択性

　うま味を感じさせる分子は L-グルタミン酸であり，これは 1908 年に池田菊苗（1864–1936）によって昆布から抽出，ナトリウム塩の形で発見された．欧米では長らく味の基本味は 5 味からうま味を除いた 4 味であるとされてきたが，舌の味蕾にグルタミン酸受容体が発見されるにいたり，基本味としての認知度が高まった．L-グルタミン酸にはうま味があるのに対して D-グルタミン酸は無味であるが，これは分子認識における 3 次元構造の重要性を明確に示している．

L-グルタミン酸　　　　　D-グルタミン酸

　なお，ヒトのうま味受容体は選択性が高く L-グルタミン酸にのみ応答するが，マウスのうま味受容体は様々な L-アミノ酸に応答する．これは分子認識がタンパク質のポケットの奥深くで行われているか，入口付近で行われているかの違いによることが最近の研究によって明らかとなっている．

　甘味受容体の場合にはその選択性は低く，様々な化合物が「甘い」と認識される．このことを利用して，甘く感じられるのに代謝されない様々な人工甘味料が開発されている．本来の甘味はスクロース（ショ糖）であるが，スクラロース，アセスルファム K，アスパルテームといった人工甘味料はスクロースの 100〜600 倍もの甘味を生じるとされている（図 7.6）.

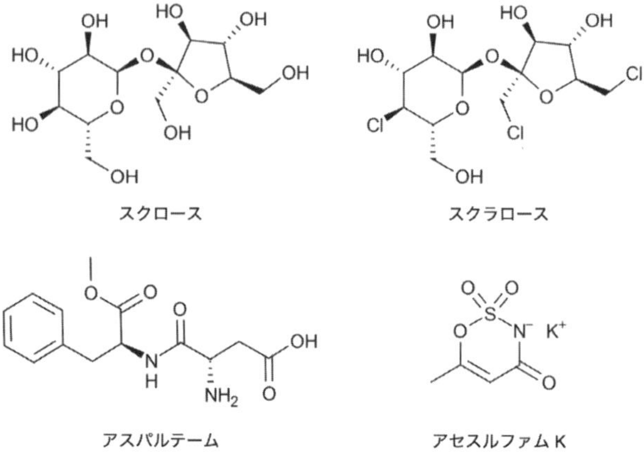

スクロース　　　　　　　　　　スクラロース

アスパルテーム　　　　　　　アセスルファムK

図 7.6　スクロースと人工甘味料

7.3.2　匂い分子

　匂い分子は一般に，分子量 30〜300 程度の有機化合物で，アルコールには可溶であるが，一般に水には不溶である．分子量がある程度の大きさまでに限られるのは，分子量が大きくなるほど分子間力が強くなり，揮発性がなくなるためである．また，水に不溶であるということは，タンパク質からなる受容体との親和性と考えればもっともであると言える．つまり，OH 基や COOH 基のような極性基は複数はついていないということが想像される．実際の匂い分子をみて確かめてみよう．

　植物がつくる匂い分子は，大きく分けて 2 つのグループに分類される．一つは図 7.7 に示されたモノテルペン類と呼ばれる C_{10} 化合物である．いずれも炭素数が 10 ということであるから，さきほどの分子量の条件（30〜300）を満たす．また，いずれも OH 基がないかあっても 1 つであることが見て取れよう．ところで，骨格を形成する炭素をよく見ると，部分構造としてイソプレン C_5H_8

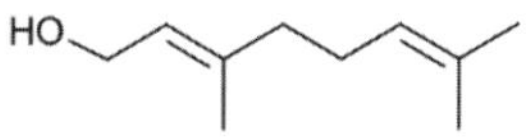

ゲラニオール（バラ，ジャスミン）

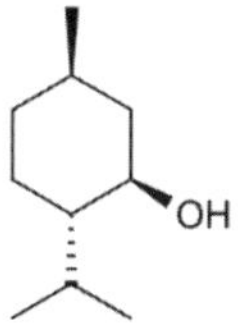

(–) - メントール（薄荷）

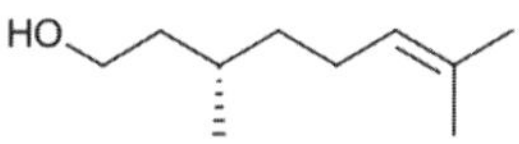

(–) - シトロネロール（バラ）

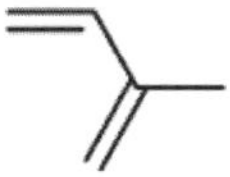

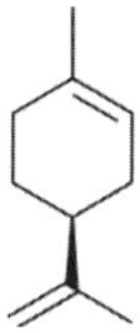

(–) - リモネン（レモン）

図 7.7　代表的な植物の匂い分子（テルペノイド）

の炭素骨格を含むことが分かるが，これは植物がテルペン類を生合成するにあたり，共通の経路があることに由来している．もう一つのグループはフェニルプロパノイドと呼ばれる化合物（図 7.8）で，その名の通り，ベンゼン環に 3 つの炭素が結合したものを基本とするが，場合によっては炭素鎖が切断されて 2 つや 1 つになるものもある．やはり分子量 30〜300 および極性基の条件を満たしていることに注目したい．植物の中でこれらは共通の化合物フェニルアラニン

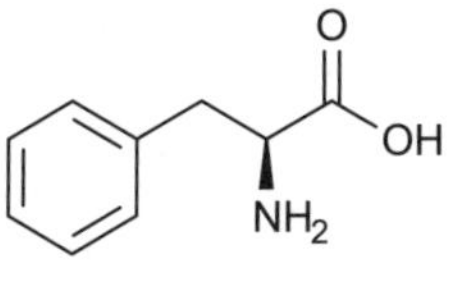

を出発物質として合成されており，互いにその構造に共通性が見られるが，それぞれ匂いには特徴がある．味覚に比べて嗅覚の著しい特徴は，何十万もの分子を区別可能な点であるが，だからといって嗅覚受容体がそれだけの種類あるわけではない．つまり，匂い分子と受容体は一対一対応しているわけではない．396種類ある受容体のそれぞれが複数の分子に応答することにより，ある一つの匂い分子には，受容体の応答のスペクトルが生じることとなる．その応答のパターンによって匂いが認識されているとすれば，数十万もの分子の繊細な区別が可能となることも不思議ではない．

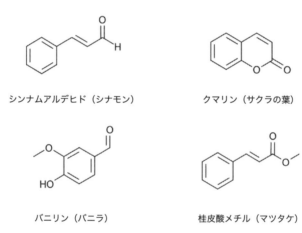

図7.8 代表的な植物の匂い分子（フェニルプロパノイド）

7.4 薬と分子認識

薬の作用においてもタンパク質による分子認識がその出発点にあることが多い．酵素による分子認識を先回りして阻害する薬の代表として，インフルエンザの薬として用いられるオセルタミビル（タミフル®）や

ザナミビル（リレンザ®）がある．これらの分子は，インフルエンザウイルスが増殖する際に使われる酵素の分子認識ポケットに本来の反応物であるノイラミン酸の結合を先回りして阻害することによりその薬効を生じる．

ノイラミン酸
（本来の基質）

ザナミビル

オセルタミビル

また，最近ではGPCRをターゲットとする薬の開発が盛んに行われるようになった．その代表例として，アレルギー反応を司るGPCRにおけるヒスタミンの作用を阻害するフェキソフェナジン（アレグラ®）を挙げることができる．

フェキソフェナジン塩酸塩

8 | 物質の三態：氷と水と水蒸気

安池智一

《目標＆ポイント》 物質は多様である一方で，物質それぞれによらない共通した側面を持つ．物質が一般に固体・液体・気体の三態を持つこと，そしてそれらの間の変化について学ぶ．気体の諸法則を学び，分子間力と融点・沸点との関係を理解する．
《キーワード》 物質の三態，状態方程式，理想気体，実在気体，融点，沸点

8.1 物質の三態

8.1.1 氷と水と水蒸気

物質は一般に，固体，液体，気体の3つの状態を取る．これらを**物質の三態**と呼ぶ．もっとも身近な例は水である．水は冷やせば氷になり，加熱すれば水蒸気になる．いわゆる水は液体の水で，氷は固体，水蒸気は気体の水である．ところで固体，液体，気体を特徴づけるのはどういった性質であろうか．ここではその形状と密度で整理してみよう．

固体は無理に力を加えなければ決まった形を保つ．液体や気体は容器に合わせてその形を変えることができ，とくに気体は容器全体に均一に膨張する性質を持っている．密度 ρ（単位体積あたりの質量）は，おおよそ

$$\rho_{固体} \sim \rho_{液体} > \rho_{気体}$$

となっていて，気体は圧縮できるが，固体や液体の圧縮率は小さい．水が氷になったり水蒸気になったりする際に重要なことは，構成要素はいず

れも H_2O という分子で変化しないということである．夥しい数の H_2O 分子の離散集合状態の違いが三態を特徴づけている．分子の存在を前提にすれば，3つの状態の違いは以下のようにして理解できる．

固体では，H_2O 分子の運動エネルギーは分子間力によるポテンシャルに比べて十分小さい．このため分子はほとんどの場合，それぞれ固定された位置のごく近傍でふらふらしている．分子どうしは十分に接近していて，圧力をかけてもあまり圧縮される余地がない．加熱によって液体になると，分子は分子間力に打ち勝ってそれぞれの場所を離れて移動をし始める．それでも全体として分子がまとまっているのが液体である．この場合にも分子間の平均距離としては十分に近接しており，圧縮率は小さい．さらに高温になり，それぞれの分子が自由に飛び回っているのが気体である．このため，気体は容器全体に広がる．分子間に多くの空間があり，圧力をかけると体積が大きく変化する．

8.1.2 状態変化と出入りする熱

状態変化を系に加えられる熱の観点からもう少し詳しく見てみよう（図 8.1）．氷に熱を加えると，0℃になったところで氷は融け始める．これを**融解**と呼ぶ．熱を加え続けても，氷がすべて水になるまで温度は一定に保たれる．この温度を**融点**といい，氷が融けきるまでに消費される熱を**融解熱**と呼ぶ．逆に液体が固体になる**凝固**においては，融解熱に等しい熱が放出され，これを**凝固熱**と呼ぶ．状態変化において，温度が一定に保たれるとき，2つの状態は共存している．この状況を指して2つの状態は**平衡**にあると言われる．

氷がすべて融けた後でさらに熱を加えると，系の温度は上昇に転じ，水の表面から**蒸発**が始まる．100℃になると**沸騰**が始まり，水すべてが水蒸気となるまで系の温度は一定に保たれる．この温度を**沸点**といい，水

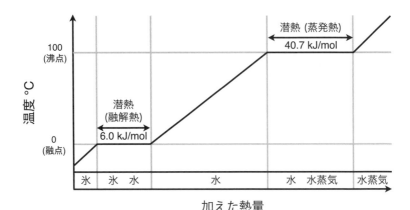

図 8.1　状態変化と熱

が蒸発しきるまでに消費される熱を**蒸発熱**と呼ぶ．なお，沸騰前からすでに蒸発は始まっているが，沸騰時には水の内部においても水蒸気が発生し，水の気化によって体積が急増する様子が，ボコボコと湧き上がる大きな水泡によって見て取れる．この状況で，水と水蒸気は平衡にある．蒸発と逆の過程は**凝縮**と呼ばれ，沸点で気体が液体に凝縮する際に系に放出される熱を**凝縮熱**と呼ぶ．

　なお，分子間力が小さい場合には，固体から直接気体になることもあり，これを**昇華**と呼ぶ．昇華の過程で消費される熱はこれまでと同様に**昇華熱**と呼ばれる．逆の過程も従来は昇華と呼んだが，最近は**凝華**と呼ぶべきだとの提案が浸透しつつある．対応する熱は**凝華熱**である．

8.1.3　気体の法則

　固体，液体，気体のうちで最も早い時期にその性質が定量的に調べられたのが気体である．その端緒は Boyle によって開かれた．

> **ボイルの法則（1662 年）**
>
> ある温度 T において，一定量の気体の圧力 P と体積 V は互いに反比例し，それらの積は一定である．
>
> $$PV = c_\mathrm{B} \tag{8.1}$$
>
> ここで c_B は比例定数である．

この関係は，図 8.2 の上にあるように，ピストンに空気を閉じ込めて，上に置く錘の質量を変えながら体積を測ることで確かめられる．気体分子は捉えどころがないようでありながら，固体や液体中の分子と異なりそれぞれ自由に飛び回っている点がむしろ集団としての挙動の理解を容

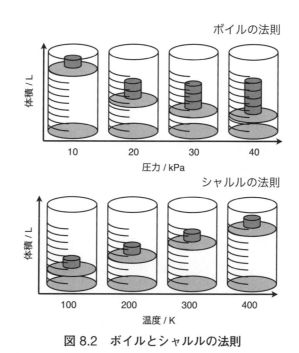

図 8.2　ボイルとシャルルの法則

易にする．例えば，圧力が分子が壁にぶつかった際の反作用と考えれば，個々の寄与はともかく，それが壁にぶつかる分子数に比例することは明らかである．そのように考えると，壁にぶつかる分子数は単位体積あたりの分子数に比例するであろうから，それは体積に反比例するということになり，Boyle が見出した関係は分子論と整合する結果であると言える．

図 8.2 の下に示されているのは J. A. C. Charles (1746–1823) の行った実験を表すもので，ピストンに一定量の空気を閉じ込めたのち，温度 T を変えながら体積 V を測定すると，体積 V は温度 T に比例するというものである．ここで錘は固定されているから圧力一定であり，この結果は次のようにまとめられる．

シャルルの法則（1787 年）

定圧下で一定量の気体の体積 V は，温度 T に比例して大きくなる．
$$V = c_\mathrm{C} T \tag{8.2}$$
ここで c_C は比例定数である．

J.-L. Gay-Lussac (1778–1850) はより定量的な測定を行い，セルシウス温度 t に対して

$$V = c_\mathrm{C}(t + 273) \tag{8.3}$$

であることを示した．この関係は，$t = -273\,°\mathrm{C}$ のときに体積が 0 となることを示唆する．Kelvin 卿こと W. Thomson (1824–1907) は，この温度（現在では $-273.15\,°\mathrm{C}$）を温度の基準とし，温度間隔をセルシウス温度と共通（水の融点と沸点の温度差の 1/100）とする絶対温度 T の使用を提案した．

> **絶対温度**
>
> 絶対温度 T はセルシウス温度 t (°C) に対して
> $$T = t + 273.15 \tag{8.4}$$
> として定義される．ただし T の単位はケルビン (K) とする．

8.2 気体の状態方程式

8.2.1 理想気体の状態方程式

ボイルの法則は，温度 T および物質量 n (mol) が一定であることを明示的に書き直すと
$$V = \frac{c_{\mathrm{B}}(n, T)}{P}$$
となるが，シャルルの法則は V は T の一次関数であることを意味するから
$$V = \frac{c_{\mathrm{BC}}(n) T}{P}$$
が得られる．ここで第 1 章で触れたアボガドロの仮説は，気体の種類によらず V が物質量 n の一次関数であることを意味するから，
$$V = \frac{c_{\mathrm{BCA}} n T}{P}$$
という関係が得られる．ここで，$0\,°\mathrm{C}$，$1\,\mathrm{atm} = 101325\,\mathrm{N/m^2}$ で 1 mol の気体が 22.414 L の体積を占めるという実験事実から，定数 c_{BCA} は
$$c_{\mathrm{BCA}} = \frac{101325\,\mathrm{N/m^2} \cdot 22.414 \times 10^{-3}\,\mathrm{m^3}}{1\,\mathrm{mol} \cdot 273.15\,\mathrm{K}} = 8.3145\,\mathrm{J/(K \cdot mol)}$$
であることが分かる．この定数は気体定数 R と呼ばれ，最終的に気体の状態は以下の状態方程式によって統一的に記述される．

> **理想気体の状態方程式**
>
> 気体の種類によらず，気体の圧力 P，体積 V，物質量 n の間には以下の関係が成立する．
>
> $$PV = nRT \tag{8.5}$$
>
> ここで R は気体定数で，その値は $R = 8.3145 \, \text{J}/(\text{K} \cdot \text{mol})$ である．

なお，ここで「**理想気体**」という言葉が出てきたが，この状態方程式で記述されるのは，$T = 0$ で体積 V が 0 となる「理想的な気体」であることによる．気体分子運動論によれば，分子が大きさを持たず，また分子間力が 0 である気体分子の集団の運動を考えると，上記の状態方程式を導くことができる．

8.2.2 気体の分子量

状態方程式を用いると，分子量未知の質量 w (g) の気体の分子量を，ある温度 T での P，V の測定から決めることができる．分子量は単位のない量であるが，数値としては 1 mol あたりの質量（モル質量）M を g で表したものと等しい．つまり $n = w/M$ であって，状態方程式から

$$M = \frac{w}{PV} RT$$

が得られるから，M が求まって分子量が分かることとなる．

8.2.3 実在気体の状態方程式

十分に高温かつ低圧で，分子が激しく飛び回って互いの存在に無頓着となる状況であれば，気体は理想気体の状態方程式によく従う．一方で，低温かつ高圧で互いの存在を感じられる状況において**実在気体**が示す P，

V は，理想気体の状態方程式から外れた値を示すことが知られている．J. D. van der Waals (1837–1923) は，実在気体に対する状態方程式として次のものを提案した．

> **ファンデルワールスの状態方程式**
>
> 気体の圧力 P，体積 V，物質量 n の間には，一般に以下の関係が成立する．
>
> $$\left(P + \frac{n^2 a}{V^2}\right)(V - nb) = nRT \tag{8.6}$$
>
> ただし，R は気体定数で，a, b は気体の種類に依存するファンデルワールス定数である．

理想気体の状態方程式と比較すると，ファンデルワールスの状態方程式では理想気体の圧力 P_id と体積 V_id が

$$P_\mathrm{id} = P + \left(\frac{n}{V}\right)^2 a, \qquad V_\mathrm{id} = V - nb$$

のように補正されていることが分かる．これは実在気体の圧力 P と体積 V が

$$P = P_\mathrm{id} - \left(\frac{n}{V}\right)^2 a, \qquad V = V_\mathrm{id} + nb$$

であることを意味している．つまり，圧力は理想気体の圧力よりも小さく，体積は理想気体の体積よりも大きい．これらはそれぞれ，分子間力が存在することによって壁への圧力が低減されることと，分子が大きさを持つことによって考慮すべき体積には分子の大きさの寄与があることと対応している．表 8.1 にはいくつかの分子についてのファンデルワールス定数を示した．第 5 章で議論したファンデルワールス力の強さの指標 C_vdW と比べてみると，確かに a の序列が分子間力のそれと対応していることが分かるであろう．b についても，He と Ne で逆転が見られる

表 8.1　気体分子のファンデルワールス定数

	a (atm·L/mol^2)	b (L/mol)		a (atm·L/mol^2)	b (L/mol)
He	0.0341	0.0237	H_2O	5.45	0.0304
Ne	0.2107	0.0174	N_2	1.39	0.0386
Ar	1.331	0.0317	CO_2	3.607	0.0428
Kr	2.294	0.0396	CH_4	2.275	0.0431

ものの，分子の大きさとほぼ対応しているとみてよさそうだ．

8.2.4　ファンデルワールスの状態方程式に潜む状態変化

　ファンデルワールスの状態方程式によって，PV 平面における等温曲線がどのように変化するかを見てみよう．図 8.3 の実線は，式 (8.6) による 547 K および 747 K における 1 mol の H_2O の等温曲線である．図には比較のために，点線で理想気体の状態方程式によるものも示してある．

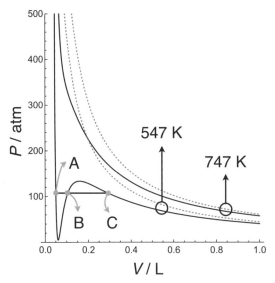

図 8.3　ファンデルワールスの状態方程式

両者は高温かつ低圧の領域でよく対応するが，低温かつ高圧の領域で大きく異なっている．とくに 547 K の方は，体積の小さなところで奇妙な挙動を見せる．これがどこから来るかは次のようにして分かる．式 (8.6) を $n=1$ として展開すると，

$$PV - Pb + \frac{a}{V} - \frac{ab}{V^2} - RT = 0$$

となるので，両辺に V^2 をかけると，

$$V^3 - \left(b + \frac{RT}{P}\right)V^2 + \frac{a}{P}V - \frac{ab}{P} = 0 \tag{8.7}$$

が導かれる．つまり，ファンデルワールスの状態方程式は V の 3 次多項式であり，547 K の曲線のように 2 つまで極値を持ちうる．さて，式の上であり得るとしても，実際に 1 つの圧力に対して複数の体積が対応することなどあるだろうか．ここで図 8.1 を思い出してもらいたい．図 8.1 では一定の圧力下で加えた熱量に対する温度変化が示されていた．沸騰しているときを考えると，T，P 一定でありながら，系に与えられた熱によって水は水蒸気に変化し系の体積は変化する．つまり，実際の水は一定圧力に対して複数どころか連続的にさまざまな体積を取りうる．実は，547 K の体積が小さいときに見られる挙動は，状態変化の兆候なのである．

図 8.3 に則って説明しよう．547 K の水蒸気を体積 1 L のピストンに封じ込めたとして，徐々にピストンを圧縮し体積を減少させる．このとき，徐々に圧力が高まるが，それは理想気体よりも穏やかである．そしてやがて点 C にたどり着くが，実はここから先はファンデルワールスの状態方程式には従わず，体積を減少させても圧力は点 C での値 108 atm から変化しない．図中の直線に沿って点 C → 点 B → 点 A のように変化し，点 A に到達してから先は再びファンデルワールスの状態方程式に従

う. 点 A で系の体積 V_A はほとんど b に等しくなっており, さらに体積を減少させようとすると, 圧力は一気に高くなる. これは V_A より小さな体積では液体の水になっていることと対応する. つまり, 点 A より左では水, 点 A から点 C では水と水蒸気の平衡, 点 C より右では水蒸気になっているということだ. もともと気体の状態方程式であったはずだが, 分子の大きさと分子間力を考慮したことにより, 不完全ながら気体・液体間の状態変化が自然に含まれることとなったのである.

ここで注意深い人は, おそらく次の 2 つのことが気になっているであろう. まず第一に, 圧力一定の直線の圧力値 108 atm はどうやって決めたのか. これについては熱力学を詳しく学んでもらわなくてはならないが, ひとまずグラフを見ればおおよその値は分かる. 直線 AB と式 (8.7) の曲線が囲む面積が, 直線 BC と式 (8.7) の曲線が囲む面積と等しくなるような直線 AC がそれに該当する. これは J. C. Maxwell (1831–1879) が見つけた規則で, **マクスウェルの規則**と呼ばれる. 第二には, 図 8.3 の 747 K の曲線には 547 K のときのような挙動が見られない. このときの状態変化はどう考えればよいか. これの答えは明確で, この場合には状態変化は起こらない. 実はいま見てきた 2 つの温度のちょうど中間の 647 K で点 A, B, C は一致する. これは式 (8.7) が実数の 3 重根を持つ条件 $(V - V_{cr})^3 = 0$ に等しく, これを展開した

$$V^3 - 3V_{cr}V^2 + 3V_{cr}^2 V - V_{cr}^3 = 0 \tag{8.8}$$

と式 (8.7) を比較すると

$$V_{cr} = 3b, \qquad P_{cr} = \frac{a}{27b^2}, \qquad T_{cr} = \frac{8a}{27bR} \tag{8.9}$$

が得られる. これらはそれぞれ**臨界モル体積**, **臨界圧力**, **臨界温度**と呼ばれる.

8.2.5 状態図

状態変化は図 8.4 のように PT 面で議論することも多く，馴染みがあるかもしれない．高校までに学んだ**蒸気圧曲線**もこの図の一部として含

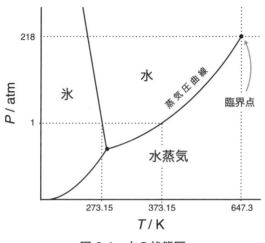

図 8.4 水の状態図

まれている．$P = 1\,(\mathrm{atm})$ の点線と蒸気圧曲線との交点の温度が，沸点に相当する．加熱する操作はこの図で右に進むことを意味し，沸騰の際は蒸気圧曲線をまたぐことになるが，このとき，単位時間あたり一定の熱を加え続けるとすると，蒸気圧曲線のところで水と水蒸気が共存し，すべてが水蒸気となるまで曲線上に留まり，この図では表現されていないが，この間もちろん体積は増え続ける．水の沸騰を，図 8.1, 図 8.3, 図 8.4 それぞれの上でイメージできれば，状態変化の本質は十分に掴んだと言えるだろう．

ところで，図 8.4 には**臨界点**というものが描いてあり，そこから高温高圧側には蒸気圧曲線が伸びていない．臨界点とは温度と圧力がそれぞ

れ前節の臨界温度および臨界圧力と等しい点である．前節の議論を思い出せば，臨界温度よりも高い温度で準備された水蒸気は，体積を圧縮して高圧にしても，大きく不連続な体積変化を伴う状態変化を起こさない．つまり，液化しない．この臨界点より先にある流体を**超臨界流体**と呼ぶ．

8.3 身の回りの状態変化

8.3.1 圧力による沸点の変化

図 8.4 の蒸気圧曲線の形状から，気圧が 1 atm よりも低圧では沸点が下がり，高圧では沸点は上がることが分かる．高い山に登ると 100 °C より低温で沸騰が起こってカップラーメンが生煮えになることや，圧力鍋を使うと 100 °C よりも高温となり短時間のうちに調理が済むことはこのようにして理解される．

8.3.2 液化天然ガスと液化石油ガス

炭化水素は一般に O_2 と反応して CO_2 と H_2O になる際に多量の熱を出し，燃料として有用である．このうち，石油は炭素数の多い炭化水素を主成分としていて，そのような炭化水素は分子間力が大きく常温常圧で液体であり，可搬性にすぐれている．

都市ガスとして利用される天然ガスの主成分はメタン CH_4 やエタン C_2H_6 で分子間力が小さく，常温常圧ではその名の通り気体である．気体はかさばるため生産地からの大量輸送の際には液化して運ばれる．これが液化天然ガス (LNG) である．常圧下の CH_4 の沸点は $-161.5\,°C$ であり，常圧での液化には極低温が必要となる．高圧にすれば沸点は上昇するが，CH_4 の臨界温度は $-82.6\,°C$ であり，常温で液化することはできない．

一般にプロパンガスとして利用されるのは液化石油ガス (LPG) で，プ

ロパン C_3H_8 やブタン C_4H_{10} が主成分である．これらはメタンやエタンに比べれば分子量が大きく分子間力も大きい．このため，常圧での沸点もそれほど低くなく，常温下で圧縮するだけで液化することができる．このため，プロパンガスはボンベに詰めて各家庭に運ぶことが可能となる．また，ブタンだけであれば，19 °C，2 atm で液化できるため，ガスライターや家庭用ガスコンロとして手軽に利用されている．

演習問題 8

1. CH_4 の臨界温度 T_{cr} を表 8.1 の値を使って計算してみよ．

解答

1.
$$T_{cr} = \frac{8a}{27bR} = \frac{8 \cdot 2.275}{27 \cdot 0.0431 \cdot (22.414/273.15)} \sim 192 \,\mathrm{K} = -81 \,°\mathrm{C}$$

9 | 溶液とその性質

安池智一

《目標＆ポイント》 溶液には，沸点上昇，凝固点降下，浸透圧など，溶質分子の種類によらず分子数だけで決まる束一的性質がある．これらの性質はすべて，溶媒の化学ポテンシャルが溶質の濃度によって変化することに起因することを学ぶ．
《キーワード》 溶媒，溶質，濃度，蒸気圧，沸点上昇，凝固点降下

9.1 溶体とその組成

9.1.1 さまざまな溶体

　均質な混合物のことを一般に**溶体**と呼ぶ．溶体のなかで最も多量にある物質のことを**溶媒**と呼び，溶媒に分散している相対的に少量の物質を**溶質**と呼ぶ．

　本章では化学で最も典型的な液体溶体すなわち**溶液**を中心に扱うが，例えば大気は窒素や酸素を主成分とする気体溶体であるし，強靭で様々に利用される鋼(はがね)は鉄に炭素が溶けた固体溶体である．これらの溶体は常温常圧での状態が違い，全く異なる性質を持つが，均質な混合物であるという点では同じであり，これらの物質をどう扱うかという意味では共通点も多い．このような共通性を強調したいとき，これらはまとめて溶体と呼ばれる．英語の solution はしばしば溶液と訳されるが，本来それが指すのは溶体全体である．

　気体溶体においては，気体どうしが反応しない限り，どんな気体も任

意の組成[1]で混合し，均質な溶体をつくることができる．一方で，気体に液体や固体が溶けた溶体というものは存在しない．気体は自由に飛び回って空間を埋め尽くすのに対して，液体や固体のような凝集体は重力の影響を受けて下に溜まり，均質な混合物にはなりえないからである．

　液体溶体（溶液）における溶媒は液体であり，液体溶媒には気体，液体，固体のいずれもが溶解できる．液体に溶けた気体の例は，金魚鉢の水に溶けた空気である．これがないと金魚は窒息してしまう．液体に溶けた液体としては，ウィスキーの水割りなどがある．食塩や砂糖は水に溶ける固体の例である．液体金属である水銀は，多くの固体金属を溶かしてアマルガムとなる．水銀は金をよく溶かすので，古くから金を効率よく集めるのに利用された．

　固体溶体（固溶体）の代表例として，冒頭に述べた鋼をはじめとする多くの合金を挙げることができる．溶媒となる金属結晶の格子点の一部を溶質の金属原子が置き換えて形成されるものを**置換型固溶体**と呼ぶ．置換型固溶体は溶媒原子と溶質原子の原子半径が似通っている場合に生じやすい．典型的な例は真鍮（ブラス）であり，構成元素の銅と亜鉛の原子半径はそれぞれ $1.17\,\text{Å}$ と $1.25\,\text{Å}$ である．一方で銅よりもかなり大きな原子半径 $1.54\,\text{Å}$ を持つ鉛は銅と固溶体を作らず，それぞれが微結晶となり不均一な混合物を形成する．これは固溶体ではない．一方，溶媒原子の結晶の間隙に入りうるほど小さな原子は，**侵入型固溶体**を形成する．鉄と炭素からできる鋼は侵入型固溶体の代表例である．また，ある種の気体は金属に溶ける．例えば，パラジウムは自分の体積の 935 倍もの水素を吸蔵することが知られている．

---

[1]　もちろん，混合する気体の圧力は，その温度でのそれぞれの物質の飽和蒸気圧以上にはならない．ここでは，この境界条件の下で実現しうる任意組成のことを指している．

9.1.2 組成の表し方

混合物の組成を表すのに，主に次の4つの尺度が用いられる．

1) **質量パーセント濃度**

$$\text{質量パーセント濃度 (wt\%)} = \frac{\text{溶質の質量}}{\text{溶液の質量}} \times 100 \quad (9.1)$$

質量は保存するので，溶液の質量は溶質の質量と溶媒の質量の和である．5gの食塩を45gの水に溶かしても，5gのショ糖を45gの水に溶かしても，いずれも10%水溶液ということになる[2]．濃度の計算としてはもっとも簡単で分かりやすいが，例えば10% NaCl 水溶液があるときに NaCl 0.1 mol を含む水溶液が何 mL かを知りたいときなどには改めて換算が必要となる．

2) **容量モル濃度**

容量モル濃度は，溶液1Lあたりの溶質のモル数，すなわち

$$\text{容量モル濃度 (mol/L)} = \frac{\text{溶質の物質量 (mol)}}{\text{溶液の体積 (L)}} \quad (9.2)$$

である．ここで，溶液の体積は溶媒の体積と溶質の体積の和にはならないということに注意が必要である．溶液の体積は溶液を作ってみて初めて判明する．また，体積は一般に温度に依存する．しかし，容量モル濃度 $c\,\text{mol/L}$ の溶液が調整できたら，その溶液 $v\,\text{L}$ 中の溶質の物質量は $cv\,\text{mol}$ として簡単に求められる．単位の mol/L は M と表記することもある．

3) **質量モル濃度**

容量モル濃度は便利な反面，定義に用いる体積が温度に依存する煩雑さがある．温度に依存しないモル濃度として，質量モル濃度がある．

---

[2] なお，液体どうしの場合には容量パーセント濃度 (vol%) も用いられる．酒類のアルコール度数は，容量パーセント濃度に等しい．

これは，溶媒 1 kg あたりの溶質のモル数，すなわち

$$\text{質量モル濃度 (mol/kg)} = \frac{\text{溶質の物質量 (mol)}}{\text{溶媒の質量 (kg)}} \tag{9.3}$$

として定義される．ここで注意したいのは，分母は溶液の質量でないことである．

4) **モル分率**

溶体の濃度を最も曖昧さがないように表現するには，モル分率を用いる．モル分率は

$$\text{モル分率} = \frac{\text{溶質の物質量 (mol)}}{\text{溶質の物質量 (mol)} + \text{溶媒の物質量 (mol)}} \tag{9.4}$$

で定義される．

9.2 溶体における溶質の溶解

9.2.1 気体溶体における溶解

気体どうしの溶解（気体の場合は通常混合と呼ばれる）において，気体はその組成比には制限がなく任意の混合物を作ることができる．このとき，Dalton は実験によって次のことが成立することを示した．

> **ダルトンの法則**
>
> 一定の温度 T で体積 V の容器に入った気体溶体による全圧 P は，容器中の各成分気体 i の分圧 P_i の和に等しい．

一定の T, V における気体 i の圧力 P_i は，理想気体の状態方程式によれば

$$P_i = n_i \frac{RT}{V}$$

で与えられる．ダルトンの法則を認めれば

$$P = \sum_i P_i = \sum_i n_i \frac{RT}{V}$$

が成立し，このとき

$$P_i = \frac{n_i}{\sum_i n_i} P$$

であることが導かれる．ここで $n_i / \sum_i n_i$ はモル分率である．つまり，気体溶体における成分気体 i の分圧は，全圧 P にモル分率をかけたものに等しいことが分かる．

なお，理想気体の場合には，混合前後で分子間力による安定化の意味では何ら変化はないが，それでも実際には混合が起こる．これは微視的な運動論の立場からは分子が運動エネルギーを持って飛び回っているからと理解されるが，熱力学ではエントロピーの効果として記述される．

9.2.2 溶液における溶解と極性

液体には気体，液体，固体が溶けうる．液体中の分子どうしは気体に比べて著しく接近しており，液体溶体を考える場合にも，気体溶体のようにそれぞれの成分を独立に考えるわけにはいかない．液体に物質を溶かす際に限度が生じるのもこのためである．この限度を**溶解度**と呼ぶ．

物質が溶けるという現象は身近であるが，だからと言って理解が容易というわけではまったくない．溶解現象を構成する素過程は複雑で，簡単な説明はおおよそ間違いであることが多いが，経験的に，

"似たものどうしが混ざりやすい"

という傾向がひろく認められている．溶液中では，溶媒-溶媒，溶媒-溶質，溶質-溶質の間の相互作用を考える必要があるが，これらが似たような大きさを持っていれば，相互作用のペアを変更しても，その影響が少

ないからである．相互作用で大きな損がなければ，気体と同様に混合状態をとる，すなわち互いに溶け合うことができる．

例として食塩水を考えてみると，溶質は食塩，溶媒は水である．このとき，溶質の NaCl がイオン間の静電力による強い安定化を受ける一方，溶媒の水どうしの間は強い水素結合による安定化がある．また，溶質溶媒間を考えてみると，水中における Na^+ や Cl^- は，それぞれ複数の H_2O 分子に取り囲まれて複数の電荷-双極子相互作用による安定化を受ける（図 9.1）．これらのことにより溶質間，溶媒間，溶質溶媒間の相互作用は類似していて，食塩は水に溶けると考えられる．ただし，イオン間の静電力は大きいため，食塩の溶解は外部からの熱の供給が必要な吸熱反応である．一方で，ベンゼンが水に溶けにくいのは，水とベンゼンの相互作用が弱すぎて，水どうしの水素結合を減らした分の影響が大きすぎるためである．一般に極性分子は極性溶媒によく溶け，非極性分子は非極性溶媒によく溶ける．

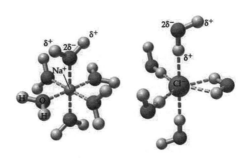

図 9.1　イオンの水和

9.2.3 溶液への溶解度の温度変化

溶解度は温度によって変化する．溶解度と温度の関係を表す図 9.2 のような曲線を**溶解度曲線**と呼ぶ．多くの場合に固体の液体への溶解度曲

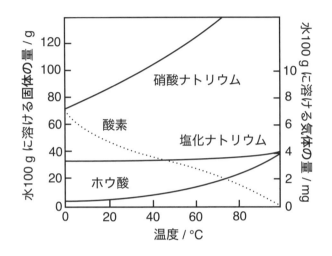

図 9.2　溶解度曲線

線は右上がりで，図中の 3 本の実線も確かにそうなっている．つまり，温度が高くなると溶解度が増すが，一方で，その増加の程度は物質によって大きく異なることが分かる．硝酸ナトリウムは低温での溶解度も大きく，温度を上げるとさらによく溶けるようになる．食塩も低温で比較的よく溶けるが，温度を上げても溶解度はあまり増加しない．一方，ホウ酸は常温での溶解度は小さいが，温度を上げるとかなり溶けるようになる．硝酸ナトリウムやホウ酸のように，溶解度の温度変化が大きい物質は，溶液の温度を上げて完全に溶かした後で再び冷却すると結晶が析出する．この際，もとの結晶に含まれていた不純物は温度を下げても溶液

中に溶けたままとなるため，物質から不純物を取り除くことができる．これを**再結晶**と呼ぶ．

図 9.2 の破線で示されているのは，水に対する酸素の溶解度曲線である．固体の場合と逆に，気体の溶解度は温度が上がると減少する．これは気体一般に言えることであり，例えば，やかんに入れた水を加熱すると，水が沸騰する前に空気の泡が生成するが，これは温度の上昇とともに溶解度の減少によって追い出された空気の分子にほかならない．

また，高温の水において酸素の溶解度が減少することは，熱汚染の原因でもある．工場などで冷却水として用いられ温められた排水は，溶存酸素が少なく，これが水源の川や湖に戻されると，水生生物の生存にとって大きな脅威となる．これを熱汚染と呼ぶ．これを逆に考えると，夏の暑い日の魚釣りでは，より水深が深くより冷たい水がありそうなところを狙うとよいことも分かる．

9.2.4 溶液への溶解度の圧力変化

W. Henry (1775–1836) は，気体の液体への溶解度が圧力に大きく依存することを見いだし，以下の形にまとめた．

ヘンリーの法則（1803 年）

気体の溶解度 s は，溶液の表面における気体の圧力 P に比例する．

$$s = k_H P \tag{9.5}$$

ここで k_H は温度にのみ依存する定数で，ヘンリー定数と呼ばれる．

表 9.1 に示したのは，いくつかの気体の水への溶解に対するヘンリー定数である．溶解度の単位として mol/L，圧力の単位として atm を用いている．極性分子のヘンリー定数が大きくなっているのは，極性溶媒

表 9.1 水への溶解におけるヘンリー定数（25°C）

分子	$k_H/\text{mol}\cdot(\text{L}\cdot\text{atm})^{-1}$	分子	$k_H/\text{mol}\cdot(\text{L}\cdot\text{atm})^{-1}$
O_2	1.3×10^{-3}	H_2	7.8×10^{-4}
CO_2	3.4×10^{-2}	N_2	6.1×10^{-4}
He	3.8×10^{-4}	Ne	4.5×10^{-4}
Ar	1.4×10^{-3}	Kr	2.5×10^{-3}
Xe	4.3×10^{-3}	Rn	9.3×10^{-3}
CH_4	1.3×10^{-3}	C_2H_4	4.8×10^{-3}

である水への溶解を考えているからである．

炭酸飲料の栓を開けたときに見られる泡の発生は，ヘンリーの法則が観測される身近な例である．容器内で高められていた CO_2 の圧力[3] が大気における CO_2 分圧（4.0×10^{-4} atm）に下がることで，CO_2 の溶解度が急激に低下し，溶液から泡が吹き出す．

9.3 溶液の性質

9.3.1 溶液の示す蒸気圧

溶液はどのような蒸気圧を示すだろうか．F.-M. Raoult (1830–1901) は実験に基づいて，次のような関係を見いだした．

ラウールの法則（1886 年）

溶液中の成分 A の蒸気圧 P_A は

$$P_A = x_A P_A^\circ \tag{9.6}$$

で与えられる．ここで x_A はモル分率，P_A° は同じ温度における純液体 A の蒸気圧である．

---

[3] 日本農林規格においては，0.29 MPa 以上のものを炭酸飲料と呼ぶ．

ただし，これは例えば 2 成分 A，B からなる系を考えたときに，A と B が似通っているときによく成立する近似的な法則である．この状況下では，A–A，A–B，B–B の相互作用は同程度であると考えられる．ここでこれらの相互作用がすべて等しいとすると，

$$A-A + B-B \longrightarrow 2\,A-B$$

という溶解過程が進行しても，系全体の結合エネルギーは変化しない．これはすなわち，気体分子間に相互作用がないとする理想気体と対応し，このような条件を満たす溶液は**理想溶液**と呼ばれる．このとき溶液の示す全圧 P は，理想気体におけるダルトンの法則と同じく，両成分の分圧 P_A，P_B を用いて

$$P = P_A + P_B$$

のように表される．以上をまとめると，理想溶液が示す全圧および分圧は，図 9.3 のようになる．

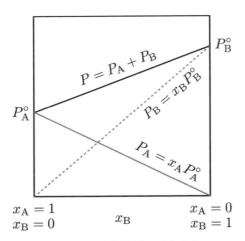

図 9.3　理想溶液の蒸気圧

9.3.2 沸点図

沸点図とは，混合液体の組成に対して液相線と気相線が描かれたものであり，分留の仕組みを理解するのに便利なものであった（図 1.3）．これがどのようにして描かれるかを見てみよう．まず，液相線から考える．このためには 2 成分の液体 A，B からなる混合液体の沸点を考えればよい．それぞれの蒸気圧曲線 $P_A^\circ(T)$ および $P_B^\circ(T)$ が与えられているとすると，ラウールの法則を使って温度 T での全圧 $P(T)$ は

$$P(T) = x_A P_A^\circ(T) + (1 - x_A) P_B^\circ(T) \tag{9.7}$$

のように書くことができる．ここで $P(T) = 1$ を満たす組成 x_A，$x_B = 1 - x_A$ の混合液体は，今考えている温度 T を沸点として持つ．さまざまな温度に対してこの操作を繰り返せば液相線の完成である．液相の組成が (x_A^l, x_B^l) であるとき，対応する蒸気の組成 (x_A^v, x_B^v) は

$$(x_A^v, x_B^v) = \left(x_A^l P_A^\circ(T),\ x_B^l P_B^\circ(T)\right) \tag{9.8}$$

となるから，気相線は液相線から簡単につくることができる．

9.3.3 分留

沸点図を使った分留の原理について，忘れてしまった人は改めて第 1 章に戻って復習しておこう．分留の代表例はなんといっても石油精製である．原油には，さまざまな炭化水素が含まれている．表 9.2 には，原油の分留におけるそれぞれの留分の用途と名称を，沸点と炭素数と併せて示した．沸点の低い留分が炭素数の小さな炭化水素となっていることは第 5 章の議論から納得できることだろう．各種燃料それぞれの特徴については，やはり燃やしたときに何が起こるかを議論しなくてはならない．それについては，次の章で化学反応における熱の出入りについて学んでから議論することとしよう．

表 9.2 原油の留分

名称	沸点の範囲 (°C)	炭素数	用途
石油ガス	−161, −89	1, 2	工場燃料，都市ガス
液化石油ガス	−42, −1	3, 4	家庭燃料，自動車燃料
ナフサ	35〜200	5〜12	ガソリン，化学原料
灯油	170〜250	10〜14	家庭燃料，ジェット燃料
軽油	250〜350	14〜20	ディーゼル燃料
重油	300〜400	18〜25	工業燃料
潤滑油	400〜500	24〜36	機械油，エンジンオイル

9.3.4 沸点上昇・凝固点降下

溶質が不揮発性，すなわち蒸気圧が著しく低く事実上観測できないならば，溶液の示す蒸気圧はどうなるであろうか．これはつまり図 9.3 で $P_B^\circ = 0$ と置くことに対応する．この場合，$P = P_A$ となって純液体 A の蒸気圧より低下する．蒸気圧降下は

$$P_A^\circ - P_A = (1 - x_A)P_A^\circ = x_B P_A^\circ$$

となって，不揮発性の溶質のモル分率に比例することが分かる．また，希薄溶液においてモル分率は溶質の質量モル濃度と比例する[4]から，蒸気圧降下は溶質の質量モル濃度に比例すると言ってもよい．不揮発性の

---

[4] 溶質 B のモル分率は A, B の物質量 n_A, n_B を用いて $x_B = n_B/(n_A + n_B)$ で与えられる．質量モル濃度 m_B は溶媒 1000 g 中の溶質の物質量であったから，溶媒 A のモル質量を M_A とすれば

$$x_B = \frac{n_B}{n_A + n_B} = \frac{m_B}{(1000/M_A) + m_B}$$

となる．ここで希薄溶液であることを仮定すると分母の m_B は無視できるから，

$$x_B \sim m_B M_A / 1000$$

となり，モル分率は溶質の質量モル濃度に比例することが分かる．

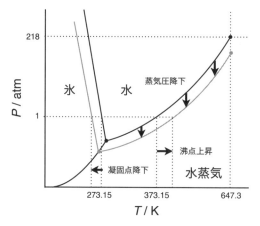

図 9.4　沸点上昇と凝固点降下

溶質を含む溶液の蒸気圧が下がるということは，このような溶液における沸点が溶媒の純液体に比べて上昇することを意味する（図 9.4）．つまり，1 atm の蒸気圧に達するために，より高い温度が必要となるということである．これを**沸点上昇**と呼ぶ．また，図 9.4 にも示されているように，蒸気圧曲線が図の下方向にずれるということは，気体と固体の境界線との交点が左下方向にずれるということと対応する．そうするとそこから伸びる液体と固体の境界線は左側にずれることとなる．この結果，1 atm で液体と固体が変化する点，すなわち凝固点もずれて，より低温で凝固することになる．これを**凝固点降下**と呼ぶ．

9.3.5　身の回りの沸点上昇と凝固点降下

　凝固点降下の身近な例としては，不凍液がある．これは寒冷地においてエンジンの冷却水が凍らないようにするために冷却水に混入するもので，主にエチレングリコールが使用されることが多い．塩化カルシウムなどの融雪剤も，凝固点降下の原理の利用である．

凝固点降下は，冬野菜の甘さにも関係している．白菜や大根などの冬の野菜は，霜が降りる条件では体内の澱粉を糖に変え，自らの身を凍結から守っている．澱粉は糖が連なった高分子であった．澱粉を糖に変えて可溶な分子の数を増やすことで凝固点を下げているということだ．寒冷地の冬野菜がとくに甘いのには，このような理由があったのである．

　食べ物に関連して，沸点上昇にまつわるライフハックを紹介しよう．パスタを茹でる際の茹で塩は，天気によって調節すべきだという．低気圧が近づいているときは沸点も下がるはずだから，普段よりも塩を多めに入れて沸点を上げるのがよいという話である．この真偽のほどはいかがだろう．低気圧が近づいたときにどの程度沸点が下がるのか，水1Lあたり5gから15gとされる茹で塩によってどの程度沸点が上がるのか，それぞれ計算してそのもっともらしさを自分で確かめてみるとよいだろう．

10 | 化学反応と熱の出入り

安池智一

《目標&ポイント》 物質はそれぞれに固有なエネルギーを持っており，化学反応に伴って熱の出入りがある．反応熱は始状態と終状態のみによって決まるため，少数の基本的な物質のエネルギーが分かっていれば様々な反応に対する反応熱の予測が可能であることを学ぶ．
《キーワード》 化学反応式，化学量論，熱力学第一法則，熱化学方程式，エンタルピー，ヘスの法則

10.1 化学反応における量的関係

10.1.1 化学反応式

化学反応とは，その前後で化学結合の組み替えを伴うような状態変化であり，反応前に存在した**反応物**と，反応後に生じる**生成物**は一般に異なる．化学反応を表現する標準的な方法として，化学反応式がある．左辺に反応物を，右辺に生成物をそれぞれ書いて矢印で結ぶ．例えば，プロパン C_3H_8 の燃焼について書けば

$$C_3H_8 + 5\,O_2 \longrightarrow 3\,CO_2 + 4\,H_2O \qquad (10.1)$$

となる．ここで大事なことは，Lavoisier によって確立された質量保存の法則が満たされるように係数が調節されていることである．C，H，O の数は両辺共通でそれぞれ 3，8，10 個となっていることを確認しよう．質量保存則を満たすために化学式の前につけられた係数を，**化学量論係数**と呼ぶ．

反応物と生成物の化学式だけが分かっているとき，質量保存則を満たすような化学量論係数を求めるには

$$a\,\mathrm{C_3H_8} + b\,\mathrm{O_2} \longrightarrow c\,\mathrm{CO_2} + d\,\mathrm{H_2O}$$

のように化学量論係数を未知数として，それぞれの原子の数が両辺で一致するようにすればよい．

$$\begin{array}{c|l} \mathrm{C} & 3a = c \\ \mathrm{H} & 8a = 2d \\ \mathrm{O} & 2b = 2c + d \end{array}$$

まず，全体の定数倍は同じことなのでどれか1つの値は任意に決めてよい．ここでは $\mathrm{C_3H_8}$ の係数を $a=1$ としよう．そうすると C の式から $c=3$，また H の式から $2d=8$ より $d=4$，これらの結果を O の式に適用すると $2b=10$ となり $b=5$ が得られる．これらは式 (10.1) における化学量論係数と一致する．

10.1.2 化学量論計算

化学量論係数のバランスがとれた反応式が得られると，色々なことが定量的に議論できるようになる．まず，比較的簡単な例として，次の問題を考えてみよう．

【例題】プロパン 10 g の燃焼の結果，水は何 mL 生じるか．ただし温度は 25 ℃ とする．C, H, O の原子量はそれぞれ，12.01, 1.008, 16.00 であり，水の 25 ℃ での密度は 0.9971 g/mL である．

方針：化学量論係数が示すのは物質量の関係であるので，プロパン 10 g が何 mol であるかを計算し，式 (10.1) によって水が何 mol 生成するか

を求める．得られた水の物質量を質量に換算し，最後に密度の値を使って体積を求めればよい．

では実際にやってみよう．プロパン 10 g とあるので有効数字は 2 桁である．計算の途中は有効数字 3 桁として最後に四捨五入して 2 桁とする．まず，プロパン 10 g の mol 数を決定しよう．プロパンの分子量は

$$3 \times 12.01 + 8 \times 1.008 = 44.094 \sim 44.1$$

であり，モル質量は 44.1 g/mol であるので，プロパン 10 g は

$$\frac{10\,\mathrm{g}}{44.1\,\mathrm{g/mol}} = 0.227\,\mathrm{mol}$$

に相当する．ここで式 (10.1) を見るとプロパン 1 mol に対して水は 4 mol 生成するから，プロパン 0.227 mol に対して水は 0.907 mol が生じる．水のモル質量は $2 \times 1.008 + 16.00 = 18.0\,\mathrm{g/mol}$ であるから，生じる水の質量は 16.3 g．したがって，体積は

$$\frac{16.3\,\mathrm{g}}{0.997\,\mathrm{g/mL}} \sim 16\,\mathrm{mL}$$

であることが分かる．

このようにすると，ある量のプロパンを完全燃焼させるために酸素がどれくらい必要かということも計算によって求めることができるし，気体の状態方程式と組み合わせると，反応の進行に伴って圧力一定下で体積が半分に減るだろうということも分かる[1]．

10.1.3 化学量論からみた燃焼反応

前節のような計算は実験室でのみ必要なことで，自分が実験をする立場にならなければあまり必要性を感じることはないかもしれない．しか

---

1) なおこのとき，常温常圧で C_3H_8, O_2, CO_2 は気体で H_2O は液体であり，液体の体積は近似的に 0 であると考えている．

し，化学量論の重要性はこのような側面だけに止まらない．ふたたびプロパンの燃焼の例で見れば，プロパン 1 mol の燃焼には酸素 5 mol が必要であるが，これは逆に酸素が 5 mol なかったらどうなるかということへの疑問を喚起することになる．酸素の供給が十分でないときに，すす（C）が出るのを見たことがある人もいるだろうし，ガス会社から一酸化炭素（CO）中毒への注意喚起のパンフレットをもらった人もいるかもしれない．事実，式 (10.1) は酸素供給が十分にあるときの完全燃焼の式であり，酸素供給が不足している場合には，

$$C_3H_8 + 4\,O_2 \longrightarrow CO_2 + 2\,CO + 4\,H_2O \qquad (10.2)$$

$$C_3H_8 + 3\,O_2 \longrightarrow C + 2\,CO + 4\,H_2O \qquad (10.3)$$

のような反応が起こる．一酸化炭素は無色無臭でその存在に気がつくのは難しいが，すすが出ていたら要注意である．すぐに換気をし，新鮮な空気を十分に供給する必要がある．

また，燃料となる化合物が異なれば，酸素供給が同様であっても燃焼の仕方は変わってくる．メタノール CH_3OH とベンゼン C_6H_6 の燃焼を比較してみると，

$$2\,CH_3OH + 3\,O_2 \longrightarrow 2\,CO_2 + 4\,H_2O \qquad (10.4)$$

$$2\,C_6H_6 + 15\,O_2 \longrightarrow 12\,CO_2 + 6\,H_2O \qquad (10.5)$$

$$2\,C_6H_6 + 3\,O_2 \longrightarrow 12\,C + 6\,H_2O \qquad (10.6)$$

となり，メタノールを空気中で燃やすと青白い炎を上げて燃えるが [式 (10.4)]，同条件でベンゼンを燃やすと赤い炎で激しく黒煙を上げながら燃える．これはベンゼンを燃やすときに，酸素供給がメタノールのときと同程度であると不完全燃焼 [式 (10.6)] となることを示している．化学量論はこのような議論の出発点にもなり得るのである．

10.2 状態変化と熱

前節では燃焼反応を例にとって化学反応式や化学量論について学んだが，通常燃焼反応においてより重要なのは，二酸化炭素や水の生成よりも熱の発生の方であろう．化学反応に付随する熱を**反応熱**と呼ぶ．第8章で議論した状態変化においても，融解熱や凝固熱，蒸発熱や凝縮熱が出てきたことを思い出そう．熱は，化学反応を含む状態変化一般に必ず付随するものである．

10.2.1 仕事と熱

これまで漠然と熱という言葉を使ってきたが，熱が何であるかについては長らくの議論があった．熱はモノなのかコトなのか，そこが問題であった．すなわち，熱の物質説と運動説である．熱が感じられるとき，そこに熱素という実体があるというのは素直で分かりやすい考え方であるが，やがて熱には重さもないし，手をこすっただけで発生することなどから，熱はモノとしての性質を持っていないということが明らかになる．したがって最終的に運動説の方が正しいということで決着した．もう少し正確に言えば，**熱**とは，図10.1の左に示したような，物質内の多数の原子や分子の無秩序な運動に伴う運動エネルギー分布と関係づけられる

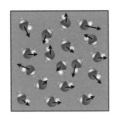 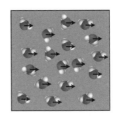

図10.1 運動形態によるエネルギーの質の違い

量である．ここで無秩序というところが重要で，同図の右に示したように，すべての構成原子が一様にある方向に動くとすると，一群の原子集団は全体として巨視的な運動を行い，我々の目に見える形の仕事をしていることになる．つまり，熱と仕事はいずれもエネルギーの一形態であるというのが正しい．

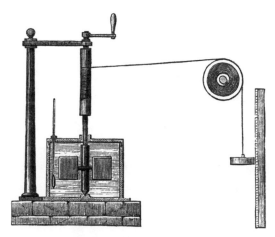

図 10.2　ジュールの実験

熱と仕事がいずれもエネルギーであるとすれば，例えば 1 g の純水の温度を 1 ℃ 上げるのに必要な熱量 ($\equiv 1\,\mathrm{cal}$) が仕事を測るのに用いられる単位 J で何 J に相当するか——すなわち，**熱の仕事当量**を実験的に決定することができるはずである．J. P. Joule (1818-1889) は図 10.2 のような装置を作り，錘の位置エネルギーを羽根車の回転に変え，水との摩擦で発生する熱を測った．錘の位置エネルギー変化 $mg\Delta h$ が加えられた Q と等しいと考えるわけである．なお，熱 Q は直接測定されるのではなく，温度変化 ΔT を通じて決定される．Q と ΔT の間には

$$Q = m \cdot c \cdot \Delta T \tag{10.7}$$

の関係がある．ここで m は水の質量, c は比熱である．Joule は詳細な実験の結果, **熱の仕事当量**が 4.15 J であることすなわち, 1 cal = 4.15 J であることを報告した．この値は, 容器に入れる媒体によらない普遍的な値である．なお, 熱化学の分野では現在,

$$\boxed{1\,\text{cal} = 4.184\,\text{J}} \tag{10.8}$$

という値が採用されている．

10.2.2 熱力学第一法則

仕事も熱もエネルギーの一形態であることを考えれば, ある系の内部エネルギー変化 dU は, 外部系が系になした仕事 δW_{ext} と系に与えられた熱 δQ の和になるはずである．これを熱力学第一法則と呼ぶ．すなわち,

---
熱力学第一法則

系の内部エネルギー変化 dU は

$$dU = \delta W_{\text{ext}} + \delta Q \tag{10.9}$$

で与えられる．ここで, δW_{ext} は外部系が系になした仕事, δQ は系に与えられた熱である．

系の内部エネルギー U とは, 考えている系内のエネルギーのことであるから, 系の巨視的状態が同一であれば, 同じ値をとると期待される．つまり, 系がどのような状態変化を経てその状態にあるかによらず, そのときの状態によって一意に決まる．このような量を**状態量**[2] と呼ぶ．例えば, 理想気体の体積 V がそのときの N, T, P の値を使って

---
[2] 状況に応じて状態変数, 状態関数とも呼ばれる．

$V(N,T,P) = NRT/P$ で与えられるということは，理想気体の体積が状態量であるということを表している．状態量の特徴は**全微分**を持つ[3]ということである．熱力学第一法則について注意したいのは，内部エネルギー変化 dU が状態量であるのに対して，系に与えられた仕事 δW_ext と熱 δQ は非状態量であるということである．つまり，任意の過程を考えたとき，$\delta W_\text{ext} + \delta Q$ は過程によらず前後の状態で決まるが，各々の寄与は過程に依存する．

ここで，ピストンに閉じ込められた流体を考えよう．なぜいきなりピストンを考えるのかと疑問に思うかもしれないが，ピストンとは，流体に力学的仕事をしたり，また，流体の状態変化を外部への力学的仕事に変換できる優れたデバイスなのである．このとき，系すなわちピストン内部の流体に与えられる仕事 δW_ext は

$$\delta W_\text{ext} = -P\,dV \tag{10.10}$$

と書くことができる．ここで P，V はそれぞれ，外界の圧力およびピストンの体積である[4]．つまり，ピストンに閉じ込められた気体における熱力学第一法則は

$$dU = \delta Q - P\,dV \tag{10.11}$$

である．

---

3) 詳しくは，安池智一・秋山良『エントロピーからはじめる熱力学（'16）』を参照．
4) 圧縮 ($dV < 0$) によって系にエネルギーが与えられることを考えれば，符号はマイナスとなることが分かる．また，ここで圧力は外界の圧力であることに注意．不可逆過程ではピストン内の流体は非平衡状態であり圧力は系に一様な状態量とならない．

10.2.3 反応熱とエンタルピー

ピストンに閉じ込められた流体内で反応が起こるとして，この反応に伴う熱すなわち反応熱の測定を考えてみよう．ピストンが固定されていて，体積変化がない（定積過程）とすれば $dV = 0$ であり，

$$\delta Q = dU \tag{10.12}$$

となる．当たり前ではあるが，系に流出入する熱は内部エネルギーの変化に等しい．つまり，熱測定から内部エネルギーの変化量が分かる．つまり頑丈な容器内での熱測定は，状態量である内部エネルギーに関する情報を与えてくれるということだ．

一方で通常の実験では，ビーカーや試験管など蓋のない容器を用いて大気圧下で反応を調べることがほとんどである．この場合には，例えば溶液反応によって気体が発生したとすると，系の体積は大きく変化することとなり $dV \neq 0$ であるから式 (10.11) の第 2 項の影響があり，話は単純ではない．

大気圧下の蓋のない容器での実験は，圧力一定 ($dP = 0$) の過程とみなすことができる．この場合には，新たな状態量である**エンタルピー** $H = U + PV$ を定義する[5]と便利である．PV はエネルギーの次元を持つから，エンタルピーもエネルギーの一種である．全微分をとって式 (10.11) を用いれば，エンタルピー変化 dH は

$$dH = dU + PdV + VdP = \delta Q + VdP \tag{10.13}$$

となるが，定圧条件 $dP = 0$ を満たすときには

$$\delta Q = dH \tag{10.14}$$

---
[5] $H = U + PV$ は U の変数 V を P に変えるルジャンドル変換であり，変換の結果は状態量となることが知られている．

となることが分かる．すなわち，定圧過程で系に流出入する熱は，エンタルピー変化 dH に等しい．つまり，通常の実験で測定する反応熱は，系の状態量としてのエンタルピーの情報を与えることが分かる．

熱測定は，反応前後のエネルギー関係を把握する上で重要であるが，上記で見たように，その測定条件によって関連づけられる物理量が変わってくるので注意が必要である．化学熱力学では，特に断りがなければ定圧条件が仮定されていることが多く，反応熱とは通常，反応前後の系のエンタルピー変化と関係づけられる．

反応熱

反応熱 Q_r は**反応エンタルピー**（反応に伴うエンタルピー変化）

$$\Delta_\mathrm{r} H = H_\text{終状態} - H_\text{始状態} \tag{10.15}$$

の符号を変えたもの，すなわち $Q_\mathrm{r} = -\Delta_\mathrm{r} H$ で与えられる．標準状態 $(1\,\mathrm{atm},\,298.15\,\mathrm{K})$ における反応エンタルピーは，とくに**標準反応エンタルピー**と呼ばれ，記号 $\Delta_\mathrm{r} H^\circ$ で示される．

10.2.4 発熱反応と吸熱反応

黒鉛の燃焼反応については，

$$\mathrm{C(s)} + \mathrm{O_2(g)} \longrightarrow \mathrm{CO_2(g)} \qquad \Delta_\mathrm{r} H^\circ = -393.51\,\mathrm{kJ/mol}$$

であることが知られている[6]．このように反応エンタルピーを付記した化学反応式を**熱化学方程式**と呼ぶ．ここで，エンタルピー変化

$$\Delta_\mathrm{r} H^\circ = H^\circ_\mathrm{CO_2(g)} - \left\{ H^\circ_\mathrm{C(s)} + H^\circ_\mathrm{O_2(g)} \right\}$$

---
[6] $\mathrm{C(s)}$ とは固体 (solid) の炭素，$\mathrm{O_2(g)}$ や $\mathrm{CO_2(g)}$ はそれぞれが気体 (gas) であることを示している．しばしば省略されるが，適切に判断する必要がある．

が負であるということは，反応式の右辺（反応系）の方が左辺（始原系）よりもエンタルピーが低く，反応に伴い熱を放出する**発熱反応**であることを意味する．**吸熱反応**であれば，反応エンタルピーは正になる．

10.2.5 $\Delta_r H$ と $\Delta_r U$

エンタルピー変化と内部エネルギー変化は一般に異なるが，実際にどれくらい違うのかを，固体 Na 2 mol が大過剰の水と反応して起こる

$$2\,\mathrm{Na(s)} + 2\,\mathrm{H_2O(l)} \longrightarrow 2\,\mathrm{NaOH(aq)} + \mathrm{H_2(g)}$$

という過程で確認してみよう．反応エンタルピーは

$$\Delta_r H^\circ = -367.5\,\mathrm{kJ/mol}$$

である．この反応では固体 Na が水と反応して気体である H_2 が生じるが，発生した水素気体は大気へ入り込むために空気を押し戻す．このために，反応によって放出された内部エネルギーの一部は，大気圧 P に対して空気の体積 ΔV を押し戻す仕事として使われる．これが ΔU と ΔH の差にほかならない．

$$\Delta_r U = \Delta_r H - P\Delta V$$

を用いて内部エネルギー変化を計算してみよう．温度は 25 °C とし，水の体積変化は小さいので無視する．25 °C における水素気体 1 mol の体積から ΔV は

$$\Delta V = 22.414 \times (298.15/273.15) = 24.5\,\mathrm{L}$$

であるから，1 L atm = 101.3 J であることを使うと，

$$\Delta_r U = (-367.5 - 2.5)\,\mathrm{kJ/mol} = -370.0\,\mathrm{kJ/mol}$$

となることが分かる．気体が発生していてもこの程度と言えばこの程度である．気体が発生しない場合には，事実上 $\Delta_\mathrm{r} H = \Delta_\mathrm{r} U$ であると言ってよい．

10.2.6　ヘスの法則

前節で触れたように，エンタルピー H は状態量であるから，始原系と生成系が定まれば，その間を結ぶ反応のエンタルピー変化は一義的に決まり，その経路にはよらない．よって両系を結ぶ反応経路がいくつか考えられるとき，それぞれの経路についての総熱量は等しくなる．これを**ヘスの法則**と呼ぶ[7]．例えば，

$$\mathrm{C(s)} + \mathrm{O_2(g)} \longrightarrow \mathrm{CO_2(g)} \tag{10.16}$$

$$\mathrm{C(s)} + \frac{1}{2}\mathrm{O_2(g)} \longrightarrow \mathrm{CO(g)} \tag{10.17}$$

$$\mathrm{CO(g)} + \frac{1}{2}\mathrm{O_2(g)} \longrightarrow \mathrm{CO_2(g)} \tag{10.18}$$

という3つの反応を考えたとき，反応 (10.16) の反応熱と，反応 (10.17)，(10.18) の反応熱の和は等しくなる．反応 (10.17) を CO が発生したところで止めるのは難しく，この反応の反応熱の測定は難しいが，反応 (10.16)，(10.18) の反応熱からヘスの法則を利用して求めることができる．これの意味するところは，図 10.3 を見れば明らかであろう．

10.2.7　標準生成エンタルピーと反応熱

ある物質1モルがその成分元素の単体物質から生成するときの標準反応エンタルピーを**標準生成エンタルピー** $\Delta_\mathrm{f} H^\circ$ と呼ぶ．例えば，メタン

---

[7] G. H. Hess (1802–1850) による．彼自身は，熱力学第一法則の確立前に実験結果からの帰納によってこれを導いた．

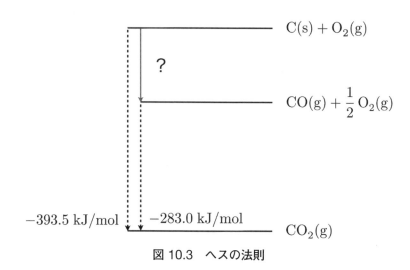

図 10.3 ヘスの法則

の標準生成エンタルピーとは，

$$\mathrm{C(s) + 2\,H_2(g) \longrightarrow CH_4(g)}$$

という反応についての反応エンタルピーに相当し，

$$\Delta_\mathrm{f} H^\circ_{\mathrm{CH_4(g)}} = -74.8\,\mathrm{kJ/mol}$$

という値である．反応に関与するすべての成分の標準生成エンタルピーが知られていれば，ふたたびエンタルピーが状態量であることを利用して反応熱を計算することができる．メタンの燃焼反応

$$\mathrm{CH_4(g) + 2\,O_2(g) \longrightarrow CO_2(g) + 2\,H_2O(l)} \tag{10.19}$$

について言えば，上記の $\mathrm{CH_4(g)}$ に加えて，$\mathrm{O_2(g)}$, $\mathrm{CO_2(g)}$, および $\mathrm{H_2O(l)}$ の標準生成エンタルピー

分子種 X	$\Delta_f H_X^\circ$ / kJ·mol^{-1}
O$_2$(g)	0
CO$_2$(g)	-393.5
H$_2$O(l)	-285.8

を用いればよい．なお，O$_2$(g) の標準生成エンタルピーが 0 であるのは，O$_2$(g) 自体が標準生成エンタルピーを定義する反応の出発物質である「成分元素の単体物質」にほかならないからである．実際にこれらの値を用いて式 (10.19) の反応熱を求めるには，以下のようにすればよい．

$$\Delta_r H^\circ = \Delta_f H^\circ_{CO_2(g)} + 2\Delta_f H^\circ_{H_2O(l)} - \left\{\Delta_f H^\circ_{CH_4(g)} + 2\Delta_f H^\circ_{O_2(g)}\right\}$$
$$= -393.5 + 2 \times (-285.8) - \{-74.8 + 2 \times 0\}$$
$$= -890.3 \,\text{kJ}$$

なぜこのようになるのか，図 10.3 のようなダイアグラムを描いて確かめてみよう．

10.3 燃料の熱化学

10.3.1 燃料効率

　これまでに見てきた熱化学の原理を使うと，さまざまな炭化水素の燃料としての効率を比較することができる．表 10.1 には，さまざまな燃料物質の燃焼エンタルピーの値をまとめた．これを見ると，炭化水素の 1 mol あたりの発熱量は，炭素原子数が大きい分子ほど大きいことが分かる．気体の場合には，1 mol あたりの体積は共通であるから，1 mol あたりの発熱量が大きい気体ほど，同体積ですぐれた燃料であると言える．メタンを主成分とする都市ガスよりも，プロパンを主成分とするプロパンガスの方が火力が強いと言われるが，これはプロパンの方がメタンよりも炭素数が多く，1 mol あたりの発熱量が大きいためである．ロケッ

表 10.1 燃料物質の熱化学的性質

	分子量	比重 g/L	燃焼エンタルピー kJ/mol	kJ/g	kJ/mL
水素 $H_2(g)$	2.016	0.083	−285.8	−141.8	−0.012
メタン $CH_4(g)$	16.04	0.656	−890.3	−55.5	−0.036
プロパン $C_3H_8(g)$	44.10	1.802	−2219	−50.3	−0.091
メタノール $CH_3OH(l)$	32.04	792	−725.9	−22.7	−17.9
エタノール $C_2H_5OH(l)$	46.07	789	−1366.8	−29.7	−23.4
n–ヘプタン $C_7H_{16}(l)$	100.21	684	−4816.9	−48.1	−32.9
イソオクタン $C_8H_{18}(l)$	114.23	692	−5461	−47.8	−33.1

トの燃料に使うことを考えると，水素の 1g あたり発熱量の圧倒的な大きさは魅力的である．ただし，気体のままだと体積が大きいというデメリットがあるため，ロケットの燃料としては液体水素が用いられる．一方で，自動車の燃料のように体積が重要となる場合には，表中では n–ヘプタンやイソオクタンが最も望ましい．実際，広く用いられるガソリンは，このような炭化水素の混合物である．

10.3.2 CO_2 排出量

それぞれの燃料の完全燃焼の化学反応式を立てれば，それぞれの燃料分子の燃焼で生じる CO_2 の量が分かるはずである．水素はその意味で最もクリーンである．では炭化水素のなかではどうだろうか．燃料分子 1 mol あたりで比べると，もちろん炭素数の少ない燃料の方が CO_2 の排出量は少なくなる．では同じ熱量あたりではどうなるだろうか．メタンとプロパンで比べてみよう．メタンは 1 J の発熱量に対して CO_2 を

$$44.01/(890.3 \times 1000) = 4.94 \times 10^{-5} \text{ (g)}$$

発生するのに対し，プロパンは1Jあたり

$$3 \times 44.01/(2219 \times 1000) = 5.95 \times 10^{-5} \text{ (g)}$$

のCO_2を生じる．つまり炭素数の多い方が発熱量が多いとは言え，やはり炭素数の少ない炭化水素の方が単位発熱量あたりのCO_2排出量の観点から見ても有利であることが分かる．

以上見てきたように，どのような観点を優先するかによって最適な燃料は変わってくるが，このような比較をするための基礎は，簡単な熱化学方程式の論理によって支えられているのである．

演習問題 10

1. 考えている反応に出てくる化合物の標準生成エンタルピーが分からないときは，平均結合エンタルピーを用いることでおおよその議論ができる．O–H，O=O，C=O，C–Hの平均結合エンタルピーがそれぞれ，464，502，730，414 kJ/molであるとして，メタンの燃焼エンタルピーを求めよ．
2. 身体の機能を維持するためには，体重1 kgあたり1日約100 kJのエネルギーが必要である．体重60 kgの人が1日に必要なエネルギーをすべてエタノールから得るとして，何 mL必要であるか計算せよ．必要に応じて表10.1のデータを使ってよい．

解答

1. 結合をすべて切って原子がバラバラになった状態を基準に反応物および生成物のエネルギーを計算し，生成物のエンタルピーから反応物のエンタルピーを差し引くと，

$$2\times(-730)+4\times(-464)-\{4\times(-414)+2\times(-502)\}=-656\,\text{kJ}$$

のようになる．

2. 必要な物質量は $60\times100/1366.8\,\text{mol}$ であるから，あとは質量に換算し，密度の値から体積に変換すれば

$$\frac{60\times100}{1366.8}\times46.07/789=256\,\text{mL}$$

のように求まる．計算上は1合半のエタノールがあれば十分であるが，もちろん100%アルコールなど飲んではいけない．イソオクタンならもっと少なくてよいが，これはそもそも代謝不能である．

11 | 化学変化の方向と速度

安池智一

《目標＆ポイント》 化学反応が起こるかどうかは，反応熱の正負ではなく温度に依存するギブズエネルギー変化によって決まること，反応の速度は反応物と生成物の間にある遷移状態のエネルギーによって決まることを学ぶ．これらのことから化学反応における温度の重要性を理解する．
《キーワード》 温度，エントロピー，ギブズエネルギー，化学平衡，平衡定数，活性化エネルギー

11.1 化学平衡

11.1.1 自発的変化の向き

　第10章で，化学反応に伴う熱の出入りを論じた．発熱反応において系はよりエンタルピーの低い状態になることで系外に熱を放出し，吸熱反応においては，よりエンタルピーの高い状態になるために系外から熱を吸収するということが分かったはずである．反応の結果，より安定化する発熱反応が自然に起こるのはよいとして，吸熱反応は一見自然には起こりそうもない．しかしながら，加熱しなくても条件によっては，吸熱反応が自発的に起こることもあり得る．例えば，食塩が水に溶ける過程は実は吸熱反応である．かき混ぜるという操作は系に仕事をしているように思うかもしれないが，ビーカーの温度が上がるほどのことはしていない．少しずつであれば，何もしなくともサッと溶けるはずである．つまり，定温定圧条件で系の自発的変化の向きを決めるのは，エンタルピーではないということである．

11.1.2 エントロピー

ひとまず定温定圧条件を離れて，より一般的な場合に系の自発的変化を決めるのが何かを考えてみよう．まず，図 11.1 のように真ん中が栓で閉じられた容器があり，全体は断熱されているとする．当初容器の片方だけが気体で満たされていて，もう一方は真空であるとしよう．ここで真ん中の栓を開けば，気体は容器内を満遍なく満たすはずである．この

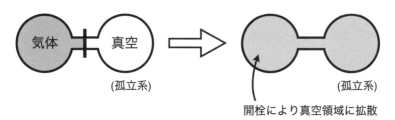

図 11.1 自発的な変化

状態変化に伴う系の内部エネルギーの変化を考えてみると，断熱されていることから $Q = 0$，また，系は容器全体であるから，容器内を気体が満たす過程で外界との間に仕事のやりとりもないから $W = 0$．したがって内部エネルギー変化も $\Delta U = Q + W = 0$ となる．つまり，当初容器内全体に満遍なく広がっていた気体がその片側に偏る過程もエネルギー保存則の観点からは禁止されていないのである．しかしながら，そのような過程が起こらないことを我々は経験的に知っている．この過程で変化する状態量がエントロピー S であり，孤立系や断熱系に起きる自発的変化においてエントロピーは常に増大することが知られている．

> **エントロピーと増大則**
>
> 温度 T における可逆過程において系に流入する熱 δQ^{rev} を用いて
>
> $$\mathrm{d}S = \frac{\delta Q^{\text{rev}}}{T} \tag{11.1}$$
>
> と定義される S を**エントロピー**と呼ぶ．孤立系や断熱系に起きる自発的変化において，エントロピー変化 ΔS は
>
> $$\Delta S \geq 0 \tag{11.2}$$
>
> を満たす．これを**エントロピー増大則**と呼ぶ．

ピストンに閉じ込められた流体の等温膨張過程について，いま定義されたエントロピーがどのような値をとるかを見てみよう（図 11.2）．十

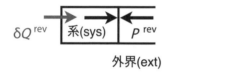
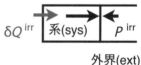

図 11.2 可逆な等温膨張と不可逆な等温膨張

分にゆっくりピストンを動かして実現される可逆な等温膨張過程と一般の（不可逆な）等温膨張過程の比較をする．始状態と終状態が同じであるとすると，熱力学第一法則から

$$\mathrm{d}U = -P^{\text{rev}}\,\mathrm{d}V + \delta Q^{\text{rev}} = -P^{\text{irr}}\,\mathrm{d}V + \delta Q^{\text{irr}} \tag{11.3}$$

が言えるから

$$\delta Q^{\mathrm{rev}} - \delta Q^{\mathrm{irr}} = (P^{\mathrm{rev}} - P^{\mathrm{irr}})\,\mathrm{d}V \tag{11.4}$$

が成立する．これらの式で上付きの rev, irr はそれぞれ可逆過程，不可逆過程の量であることを表す．ここでピストン内部の圧力を P とすると

$$P^{\mathrm{rev}} = P > P^{\mathrm{irr}} \tag{11.5}$$

が成立するから，$\delta Q^{\mathrm{rev}} - \delta Q^{\mathrm{irr}} > 0$，すなわち

$$\mathrm{d}S = \frac{\delta Q^{\mathrm{rev}}}{T} > \frac{\delta Q^{\mathrm{irr}}}{T} \tag{11.6}$$

が得られる．断熱系や孤立系であれば任意の（一般に不可逆な）過程で熱の出入りはないから $\delta Q^{\mathrm{irr}} = 0$ であり，式 (11.2) が結論される．したがって，系に起こる自発的変化に伴ってエントロピーは増大し，平衡状態はエントロピー極大を与える状態ということになる．以上のことは一般的に成立し，次のようにまとめることができる．

熱力学第二法則

任意の等温過程のエントロピー変化 $\mathrm{d}S$ について

$$\mathrm{d}S \geq \frac{\delta Q}{T} \tag{11.7}$$

が成立する．ただし，δQ は系に流入する熱で，等号は可逆過程において成立する．

11.1.3 等温等圧における平衡条件

断熱系や孤立系における自発変化においては $\mathrm{d}S \geq 0$ が成立し，平衡では $\mathrm{d}S = 0$ となることを見た．では，通常化学反応を考える等温等圧条件において，自発的変化の方向を決めるのは一体なんであろうか．それを探っていこう．式 (10.9) と式 (11.7) から内部エネルギー変化につ

いて

$$dU \leq T\,dS - P\,dV \tag{11.8}$$

が得られる．ここでエンタルピー $H = U + PV$ を考えてみると，

$$dH = dU + P\,dV + V\,dP \leq T\,dS + V\,dP \tag{11.9}$$

となる．ここで $G = H - TS$ で定義される**ギブズエネルギー**を考えてみると，式 (11.9) を用いれば

$$dG = dH - T\,dS - S\,dT \leq -S\,dT + V\,dP \tag{11.10}$$

となることが分かる．ここで $dT = 0$ かつ $dP = 0$ のときは $dG \leq 0$ となることから，等温等圧条件下における自発的変化はギブズエネルギーが減少する過程であり，平衡では $dG = 0$ が成立することが分かる．

11.1.4　ギブズエネルギー変化で反応をつかむ

これまでのことをまとめると，反応が起こるかどうかは，反応にともなうエンタルピー変化 ΔH とエントロピー変化 ΔS を用いて表 11.1 のようにして判別することができる．冒頭で，吸熱反応であるが自発的に

表 11.1　等温等圧下での反応の自発性

ΔH	ΔS	反応の自発性	例
負	正	つねに自発的	$2\,NO_2(g) \longrightarrow N_2(g) + 2\,O_2(g)$
負	負	低温で自発的	$N_2(g) + 3\,H_2(g) \longrightarrow 2\,NH_3(g)$
正	負	起こらない	$3\,O_2(g) \longrightarrow 2\,O_3(g)$
正	正	高温で自発的	$2\,HgO(s) \longrightarrow 2\,Hg(l) + O_2(g)$

進行する例として食塩の溶解反応

$$NaCl(s) \longrightarrow Na^+(aq) + Cl^-(aq) \tag{11.11}$$

を例に挙げた．吸熱ということは ΔH は正ということであるから，表に倣うとエントロピー変化は正であることが予想される．次の熱力学データを使って確かめてみよう．

	$\Delta_\mathrm{f} H^\circ$ (kJ)	$\Delta_\mathrm{f} S^\circ$ (J/K)
NaCl(s)	−411.15	72.13
Na$^+$(aq)	−240.12	59.0
Cl$^-$(aq)	−167.16	56.5

これらを使うと，溶解エンタルピーは，

$$\Delta_\mathrm{r} H^\circ = (-240.12 - 167.16) - (-411.15) = 3.87\,\mathrm{kJ}$$

と確かに正で吸熱反応であることが分かる．また，溶解エントロピーも

$$\Delta_\mathrm{r} S^\circ = (59.0 + 56.5) - 72.13 = 43.37\,\mathrm{J/K}$$

となって正であることが確かめられる．この場合には，高温で自発的ということであるが，何度以下になると溶けなくなるだろうか．ΔH や ΔS の温度依存性が小さいとすれば

$$\Delta_\mathrm{r} G \sim \Delta_\mathrm{r} H^\circ - T \Delta_\mathrm{r} S^\circ = 3870 - 43T \leq 0$$

が自発的に反応が起こる条件である．これより反応が自発的に起こるのは $T > 90\,\mathrm{K}$ であることが分かる．もちろんこの温度では水はすでに凍っているから，水が水であるかぎり，低温であっても食塩は水に溶けると予想される．

ところで，熱力学データがないときは概算で傾向をつかむのも意味のあることである．反応エンタルピーの概算は，平均結合エネルギーによって行えることを第 10 章で述べた．エントロピーについては，分子が空間的により広い領域を占めるようになる変化において大きな正の値をとる．例えば，反応によって気体分子の数が増えるような場合がそれに当

てはまる．表 11.1 で見れば，ΔS が正になる 2 つの反応

$$2\,\mathrm{NO_2(g)} \longrightarrow \mathrm{N_2(g)} + 2\,\mathrm{O_2(g)}$$
$$2\,\mathrm{HgO(s)} \longrightarrow 2\,\mathrm{Hg(l)} + \mathrm{O_2(g)}$$

では，反応あたりそれぞれ 1 つずつ気体分子が増えている（前者は $2 \to 3$，後者は $0 \to 1$）．逆の場合についても同様であることを自分で確かめておこう．

11.2 平衡定数

11.2.1 化学ポテンシャル

　前節では自発的に反応がおこるかどうか，ΔG の符号だけを問題としたが，ΔG の値によって平衡状態における系の組成（平衡定数）を議論することが可能である．このためには，分子が存在することによってギブズエネルギーがどのくらい変化するかを知る必要がある．

　これまで系の内部エネルギー変化 U を考える際に物質量を考えなかったのは，ピストンに閉じ込められた単一気体では物質量が変化しないからである．しかしながら，ピストン内部に複数の物質が存在して化学反応が起こる場合には，反応の進行に伴って物質が生成，消滅し，このことは系の内部エネルギーに影響を与えるはずである．したがって，内部エネルギーの変数には，エントロピー S，体積 V に加えて物質量 N を考えなくてはならない．そうすると，内部エネルギーの全微分は

$$dU = \left(\frac{\partial U}{\partial S}\right) dS + \left(\frac{\partial U}{\partial V}\right) dV + \left(\frac{\partial U}{\partial N}\right) dN \qquad (11.12)$$

と書くのが正しい（簡単のため，物質は一種類とした）．ここで

$$\left(\frac{\partial U}{\partial V}\right) = -P, \quad \left(\frac{\partial U}{\partial S}\right) = T \qquad (11.13)$$

であることはすでに見た．このような関係を満たすとき，U において V と $-P$, S と T は互いに共役にあると言う．ここで物質量 N に共役な変数を μ と置く．つまり，$\mu = (\partial U/\partial N)$ である．これを用いれば $\mathrm{d}U$ は

$$\mathrm{d}U = T\,\mathrm{d}S - P\,\mathrm{d}V + \mu\,\mathrm{d}N \tag{11.14}$$

となり，これを出発点にとると，$\mathrm{d}G$ は

$$\mathrm{d}G = -S\,\mathrm{d}T + V\,\mathrm{d}P + \mu\,\mathrm{d}N \tag{11.15}$$

で与えられる．この式から

$$\mu = \frac{\partial G}{\partial N} \tag{11.16}$$

が得られ，μ は単位物質量あたりのギブズエネルギーであることが分かる．これを**化学ポテンシャル**と呼ぶ．

11.2.2　理想気体の化学ポテンシャル

理想気体の状態方程式と式 (11.15) から，理想気体の化学ポテンシャルを求めてみよう．

$$U(\lambda S, \lambda V, \lambda N) = \lambda U(S, V, N) \tag{11.17}$$

の両辺を λ で微分し[1] $\lambda = 1$ と置くと $U = TS - PV + \mu N$ が得られる．この全微分をとって $\mathrm{d}U = T\,\mathrm{d}S - P\,\mathrm{d}V + \mu\,\mathrm{d}N$ を代入すると

$$N\,\mathrm{d}\mu = -S\,\mathrm{d}T + V\,\mathrm{d}P \tag{11.18}$$

となるが，両辺を N で割り，理想気体の状態方程式 $PV = NRT$ を使えば

---

[1]　微分は以下のように計算する．
$$\frac{\partial U}{\partial(\lambda S)}\frac{\partial(\lambda S)}{\partial \lambda} + \frac{\partial U}{\partial(\lambda V)}\frac{\partial(\lambda V)}{\partial \lambda} + \frac{\partial U}{\partial(\lambda N)}\frac{\partial(\lambda N)}{\partial \lambda} = U$$

$$\mathrm{d}\mu = -\frac{S}{N}\mathrm{d}T + \frac{RT}{P}\mathrm{d}P \tag{11.19}$$

が得られる．ここで温度 T を一定として圧力を P_0 から P まで積分すると

$$\mu(T,P) - \mu(T,P_0) = \int_{P_0}^{P} \frac{RT}{P'}\mathrm{d}P' = RT\ln\frac{P}{P_0} \tag{11.20}$$

が導かれる．ここで $P_0 = 1\,\mathrm{atm}$ を基準にとって $\mu^\circ(T) \equiv \mu(T,1)$ とすれば，理想気体の化学ポテンシャルを以下のように表すことができる．

$$\mu(T,P) = \mu^\circ(T) + RT\ln P \tag{11.21}$$

通常化学反応を扱う上では多成分であるから，混合理想気体の方が重要である．混合理想気体の場合にも，各成分 j の化学ポテンシャル μ_j は式 (11.21) の全圧 P を分圧 P_j に置きかえた式

$$\mu_j(T,P) = \mu_j^\circ(T) + RT\ln P_j \tag{11.22}$$

をそのまま用いることができる．これでは理想気体しか扱えないではないかと思うかもしれないが，実は多くの系で化学ポテンシャルを式 (11.22) と同様な形式に書くことができる．化学ポテンシャルの式としては次のようにまとめることができる．

> **化学ポテンシャルの活量依存性**
>
> 化学ポテンシャルは一般に活量 a_i の関数として以下の形に書くことができる.
>
> $$\mu_i(T, a_i) = \mu_i^\circ(T) + RT \ln a_i \tag{11.23}$$
>
> ここで $\mu_i^\circ(T)$ は活量 $a_i = 1$ で規定される標準状態の化学ポテンシャルである. 活量 a_i として, 理想気体の場合には分圧 P_i と標準圧力の比, 理想希薄溶液の場合には, 溶媒には 1, 溶質にはモル分率 x_i をとる.

11.2.3 平衡定数とギブズエネルギー変化

次の気相反応の平衡定数を, 前節で求めた化学ポテンシャルの表式を用いて議論してみよう.

$$\mathrm{N_2} + 3\,\mathrm{H_2} \rightleftharpoons 2\,\mathrm{NH_3} \tag{11.24}$$

反応式における両矢印は, この反応が可逆反応であることを表す. 可逆反応においては, どちらから始めても最終的に一定割合の $\mathrm{N_2}$, $\mathrm{H_2}$, $\mathrm{NH_3}$ の混合物になる. この混合状態が化学的な平衡状態, すなわち化学平衡である. 反応に伴うギブズエネルギー変化は, 各成分の化学ポテンシャル式 (11.22) を用いて

$$\Delta_\mathrm{r} G = \left(2\mu_{\mathrm{NH_3}}^\circ - \mu_{\mathrm{N_2}}^\circ - 3\mu_{\mathrm{H_2}}^\circ\right) + RT \ln \frac{P_{\mathrm{NH_3}}^2}{P_{\mathrm{N_2}} P_{\mathrm{H_2}}^3} \tag{11.25}$$

となる. 平衡では $\Delta_\mathrm{r} G = 0$ であるから,

$$2\mu_{\mathrm{NH_3}}^\circ - \mu_{\mathrm{N_2}}^\circ - 3\mu_{\mathrm{H_2}}^\circ = -RT \ln \frac{(P_{\mathrm{NH_3}}^\mathrm{eq})^2}{P_{\mathrm{N_2}}^\mathrm{eq} (P_{\mathrm{H_2}}^\mathrm{eq})^3} \tag{11.26}$$

となる．左辺は標準反応ギブズエネルギー $\Delta G°$ であり，定数である．したがって，右辺に現れる分圧の比

$$\frac{(P_{\text{NH}_3}^{\text{eq}})^2}{P_{\text{N}_2}^{\text{eq}}(P_{\text{H}_2}^{\text{eq}})^3} \equiv K \tag{11.27}$$

も定数となる．K を**平衡定数**と呼ぶ．つまり，一般に次のことが言える．

―― 反応ギブズエネルギーと平衡定数 ――――――――――――――

標準反応ギブズエネルギー $\Delta G°$ は，平衡定数 K との間に以下の関係がある．

$$\Delta_{\text{r}} G° = -RT \ln K \tag{11.28}$$

この関係は，

$$K = \exp\left(-\frac{\Delta_{\text{r}} G°}{RT}\right) \tag{11.29}$$

と等価であるから，$\Delta_{\text{r}} G° < 0$ であるときに平衡定数は大きな値を取り，平衡状態での組成において反応物が大半を占めるようになることが分かる．

11.3 反応速度

ある化学反応が自発的に起こるかどうか，反応の平衡状態における系の組成がどうなるかという反応の核心部分は，反応ギブズエネルギーによって記述される．一方で，負けず劣らず重要なある側面は，反応ギブズエネルギーの議論からは出てこない．それは，反応の速度である．熱力学の体系自体が平衡状態についての性質をまとめた体系であり，平衡状態どうしの比較はできるが，それらの間の移行過程については何も言えないのである．以下では化学反応の速度を扱う方法について簡単に触れておきたい．

11.3.1 反応速度と速度式

反応速度は，物質の濃度の時間変化で定義するのが一般的である．式 (11.24) の反応で言えば

$$v = -\frac{d[N_2]}{dt} = -\frac{1}{3}\frac{d[H_2]}{dt} = \frac{1}{2}\frac{d[NH_3]}{dt} \tag{11.30}$$

である．ここで，それぞれの濃度変化に係数がついているのは，どの物質による定義を用いても同じ速度になるようにするためである．ここで $[X] \equiv N_X/V$ は容量モル濃度であるが，気相反応であれば分圧と容量モル濃度の間に $P_X = [X]RT$ の関係があるから，分圧を用いるのも自然である．ところで，反応速度がどのような量に依存するかは自明ではないが，

$$r_1 R_1 + r_2 R_2 + \cdots \longrightarrow p_1 P_1 + p_2 P_2 + \cdots \tag{11.31}$$

という反応に対して，反応速度 v は一般に，

$$v = k\,[R_1]^a [R_2]^b [R_3]^c \ldots \tag{11.32}$$

のように反応分子種の濃度のべきと定数 k の積で表されることが多い．この定数 k を**速度定数**と呼ぶ．ここで注意が必要なのは，各成分の反応次数 $a, b, c, \ldots$ は事前に予測することは不可能であり，実測によって決められるものだということだ．反応式から自動的に

$$K = \frac{[\mathrm{P}_1]^{p_1}[\mathrm{P}_2]^{p_2}\cdots}{[\mathrm{R}_1]^{r_1}[\mathrm{R}_2]^{r_2}\cdots} \tag{11.33}$$

と書くことができる平衡定数とは対照的である．ただし，考えている式 (11.31) が**素反応**であれば，対応する反応速度 v は

$$v = k\,[\mathrm{R}_1]^{r_1}[\mathrm{R}_2]^{r_2}[\mathrm{R}_3]^{r_3}\cdots \tag{11.34}$$

で与えられ，各成分の反応次数は化学量論係数に一致する．逆に言えば，このようにならないときには，背後に複数の素反応があり，その段階で検討している反応はそれらの素反応の複合反応になっているということである．化学反応論の実験研究では，ある反応の素反応がどのようなものであるかを突き止めることが一つの目的となる．全ての素反応を明らかにして，それらの複合反応として式 (11.32) の速度定数および各べき指数（成分の反応次数）が再現できれば，その反応を理解したということになる．

11.3.2　1 次反応と年代測定

もっとも簡単な反応は X $\longrightarrow$ Y のような反応で，反応速度は

$$v = -\frac{\mathrm{d}[\mathrm{X}]}{\mathrm{d}t} = k[\mathrm{X}]$$

のような関係を満たす．すなわち濃度の 1 次に比例し，**1 次反応**と呼ばれる．これは [X] の微分方程式であり，解は

$$[\mathrm{X}] = [\mathrm{X}]_0 \exp(-kt)$$

で与えられる．ここで $[X]_0$ は初期濃度である．放射性元素の崩壊過程は一般に 1 次反応であり，例えば ^{14}C は

$$^{14}C \longrightarrow {}^{14}N + e^- \qquad t_{1/2} = 5715\,\text{y} \qquad (11.35)$$

にしたがって崩壊する．ここで $t_{1/2}$ は半減期であり，^{14}C は 5715 y（年）経って半分になる．対応する速度定数（壊変定数）は

$$k = \frac{\ln 2}{t_{1/2}} \sim \frac{0.6931}{5715\,\text{y}} = 1.213 \times 10^{-4}\,\text{y}^{-1}$$

と求まる．大気中の ^{14}C の存在比率はほぼ一定であることが知られているが，生きている動植物の体内の ^{14}C の存在比率は，代謝によってこれに等しい．一方で，動植物の死後は代謝がなくなるため存在比率が下がる．したがって動植物由来の炭素の同位体比を測定することにより，それらが生きていた年代の推測が可能となる．

11.3.3 アレニウスの式と活性化エネルギー

放射性元素の崩壊定数はまさに定数であるが，一方で，通常の化学反応の速度定数 k は強く温度 T に依存することが知られている．温度を上げると反応が早く進むことは知っているであろう．速度定数 k の温度依存性は大抵の場合に

$$k = A \exp\left(-\frac{E_a}{RT}\right) \qquad (11.36)$$

の形に書くことができる．ここで，A は**前指数因子**，E_a は**活性化エネルギー**[2]と呼ばれる正の定数であるが，その意味は後で議論する．R は気

---

2) 次元のある物理量を議論する場合に，指数関数が出てきたら指数は無次元になっていなくてはならない．気体定数 R と温度 T の単位がそれぞれ J/(K·mol) および K であることから，E_a は J/mol という 1 モル当たりのエネルギーを示す量であることが分かる．

体定数，T は温度である．これを最初に見いだしたのは J. H. van't Hoff (1852–1911) であるが，その意味を検討した S. A. Arrhenius (1859–1927) の名前をとって**アレニウスの式**と呼ばれている．$\exp(-x)$ は $x \to 0$ で 1，$x \to \infty$ で 0 となるから，温度 T が高くなるにつれて指数関数的に反応速度は速くなることが分かる．

速度定数式 (11.36) に見られる温度依存性は何に由来するものだろうか．ここで思い出したいのは，式 (11.29) である．$\Delta G = \Delta H - T\Delta S$ を使うと，
$$K = \exp\left(-\frac{\Delta G}{RT}\right) = A\exp\left(-\frac{\Delta H}{RT}\right)$$
となり式 (11.36) と極めて類似している．E_a が正であったことを思い出すと，上式で $\Delta H > 0$，すなわち，始状態よりも高いエンタルピーを持つ状態との間の平衡定数に見えてくる．速度定数 k が式 (11.36) となるためには，反応は次のように進むと思えばよい．

$$\mathrm{X} \xrightleftharpoons{K} \mathrm{X}^{\ddagger} \longrightarrow \mathrm{Y}$$

つまり，反応は直接進行するわけではなく，X は一度エネルギーの高い活性化状態 $\mathrm{X}^{\ddagger}$ となる必要がある．そして $\mathrm{X}^{\ddagger}$ ができてしまえば 100% の確率で生成物に至ると考えるのである．アレニウスの式における温度依存性は，X と $\mathrm{X}^{\ddagger}$ の間の平衡定数の温度依存性に由来すると考えられる．この活性化状態 $\ddagger$ は**遷移状態**と呼ばれる．

本章で見てきたことを踏まえて，物が燃えるということがどう捉えられるかをまとめてみよう．物は一旦燃え始めれば燃え続けるが，最初に着火の作業が必要である．これはすなわち，酸化生成物の方がギブズエネルギーは低く，反応は自発的に進行するが，活性化エネルギーが高く，室温ではそのエネルギー障壁を越えることができないためである．一方で，一旦燃え出せば反応熱が一部活性化に用いられ，燃焼反応が持続す

ることになる．化学反応の理解には，始状態と終状態に加えて，遷移状態のエネルギー関係が欠かせないことが分かったであろう．

12 酸塩基

安池智一

《目標＆ポイント》 多様な化学反応の一つの類型である酸塩基反応について学ぶ．水溶液中においては，酸と塩基の中和反応によって塩が生じる．身近な酸塩基反応を通じてイメージを養い，この反応を定量的に扱う基礎として，水溶液中における電離，pH および pK_a の概念について学ぶ．
《キーワード》 酸とアルカリ，酸と塩基，アレニウスの酸・塩基，水の溶解度積，pH，pK_a，酸性雨

12.1 酸塩基とは

12.1.1 酸塩基概念の発達

もっとも代表的で典型的な酸塩基反応と言えば，塩酸（酸）と水酸化ナトリウム（塩基）の反応によって食塩（塩）と水が生じる

$$\mathrm{HCl + NaOH \longrightarrow NaCl + H_2O} \tag{12.1}$$

という反応であろう．酸と塩基から塩を生じる反応を**酸塩基反応**と呼ぶ．一方で上記のような，いかにも酸や塩基であるような物質以外にも，酸や塩基とみなすことができる物質は数多く存在する．酸塩基概念――いったい何が酸であり何が塩基であるかは，長らく曖昧であったが，19 世紀末に至って明確な定義がなされ，現代では多くの物質間の反応を酸塩基反応としてみることができるようになっている．

酸や塩基が明確に定義されるよりはるか昔から，酸や（塩基に対応する）アルカリという言葉は存在した．科学的な定義はともかくも，酸や

アルカリという名称で呼ばれる物質群の存在は古くから認識されていたということである．酸 (acid) は酢を意味するラテン語 "acetum" に，アルカリ (alkali) は植物の灰を意味するアラビア語 "al qalī" に由来する．今でも最も身近な酸はお酢である酢酸や柑橘類に含まれるクエン酸であるし，身近で最も強いアルカリは，木灰を水に溶かすことで得られる灰汁である．

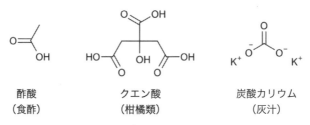

図 12.1　身近な酸とアルカリ

酸はそのすっぱい味，水への溶解性，また，金属を腐食したり，ミルクを凝固する性質によって識別された．アルカリは，もっぱら酸と反応してその働きを弱める物質として知られていた．

17 世紀に近代化学の端緒を開いた Boyle は，酸塩基についても大きな足跡を残している．彼は，酸が硫化物溶液から硫黄を沈殿させたり，青い植物色素を赤変させる性質を持つこと，また対照的にアルカリが硫黄を溶解させたり，赤い植物色素を青変させる性質を持つことを示した．また同時期に J. R. Glauber (1604–1670) は，酸とアルカリの "対称性" から，両者は相反する性質をもっていると考え，さらに塩が酸・アルカリ反応の生成物であることを明確にした．18 世紀に入って G.-F. Rouelle (1703–1770) は酸と反応して塩を生じる物質が従来のアルカリ類に留まらず，アルカリ土類元素の水酸化物，炭酸塩，金属，油類も同様な反応

を起こすことを明らかにし，より一般的な概念として塩基 (base) を導入する．ここで base という言葉が用いられたのは，酸との反応によって生じた塩が，加熱によって

$$\mathrm{Na_2CO_3(s) \longrightarrow Na_2O(s) + CO_2(g)} \tag{12.2}$$

のようにしばしば揮発性の酸性成分と不揮発性の basic な残分とに分解するという観察に基づいている．

12.1.2　アレニウスの電離説

　それらの持つ様々な一群の性質によって大まかに分類されていたに過ぎない酸と塩基に，初めて明確な定義を与えたのは Arrhenius である．彼がその定義を与えるより少し前から様々な物質の水溶液の電気伝導度を調べる実験が広く行われるようになっており，そのなかで酸塩基に関連する一つの事実が浮かび上がってきた．それはつまり，電気伝導を生じるのは『塩』の水溶液であるということである．式 (12.1) で示される反応で生じる食塩の水溶液が電気を流すことはよく知っているであろう．水溶液中で電気伝導を担うのはイオンであるから，ここに酸塩基に対するアレニウスの電離説が成立する．これによれば，酸と塩基は次のように定義される．

アレニウスの酸塩基（1887 年）

水に溶けて H^+ と A^- を生じる化合物 HA を酸と呼び，OH^- と B^+ を生じる化合物 BOH を塩基と呼ぶ．

　この定義にしたがえば，酸塩基の中和反応は，水素イオン H^+ と水酸化物イオン OH^- が結合して水を生成し，同時に塩 BA を生成する反応ということになる．つまり，式 (12.1) において HCl と NaOH は

$$\text{HCl (aq)} \longrightarrow \text{H}^+ \text{(aq)} + \text{Cl}^- \text{(aq)} \qquad (12.3)$$

$$\text{NaOH(aq)} \longrightarrow \text{Na}^+ \text{(aq)} + \text{OH}^- \text{(aq)} \qquad (12.4)$$

のように解離（電離）していて，酸性と塩基性が相互に打ち消し合うのは

$$\text{H}^+ \text{(aq)} + \text{OH}^- \text{(aq)} \longrightarrow \text{H}_2\text{O} \qquad (12.5)$$

のような中和反応によって水となるためだと考えられることになる．このような考えを**電離説**と呼ぶ．塩酸や水酸化ナトリウムは水溶液中で完全に解離し，それぞれ強酸，強塩基と呼ばれる．弱酸や弱塩基の場合，それぞれの解離は可逆反応であり平衡を考えることになる．

12.1.3　水素イオン指数と水溶液の液性

酸は水素イオン H^+ を生じるものとして定義されたので，酸の強さをそのモル濃度 $[\text{H}^+]$ で定量化することが可能となる．ただし，一般に $[\text{H}^+]$ は幅広い範囲の値をとりうるので対数をとった**水素イオン指数**を用いる方が便利である．これは次のように定義される．

水素イオン指数 (pH)

水素イオン指数 (pH) は水素イオン濃度の対数の負値として以下のように定義される．

$$\text{pH} = -\log[\text{H}^+] \qquad (12.6)$$

HCl の 0.1 mol/L 水溶液の pH を計算してみよう．HCl は強酸であるので，完全に電離する．したがって $[\text{H}^+] = 0.1\,\text{mol/L}$ であり，pH は 1 となる．HCl の濃度を 0.01 mol/L，0.001 mol/L と下げていくと pH はそれぞれ 2，3 と増えていく．ところで，HCl の濃度を限りなく小さくしていったときに，pH がいくらでも大きな値をとるかというと，そう

はならない．水もわずかに電離することが知られているからである．水の解離反応の平衡定数 K_d は，

$$K_\mathrm{d} = \frac{a_{\mathrm{H}^+} a_{\mathrm{OH}^-}}{a_{\mathrm{H_2O}}} \sim [\mathrm{H}^+][\mathrm{OH}^-] \tag{12.7}$$

となるが，これは**水のイオン積** K_w と呼ばれ，

$$\boxed{K_\mathrm{w} \equiv [\mathrm{H}^+][\mathrm{OH}^-] = 1.0 \times 10^{-14}\,(\mathrm{mol/L})^2} \tag{12.8}$$

という値をとることが知られている．純水の解離においては $[\mathrm{H}^+] = [\mathrm{OH}^-]$ であるから，

$$[\mathrm{H}^+] = \sqrt{1.0 \times 10^{-14}\,(\mathrm{mol/L})^2} = 1.0 \times 10^{-7}\,\mathrm{mol/L} \tag{12.9}$$

であることが分かる．これは pH = 7 に対応する．すなわち，強酸の濃度が $10^{-8}\,\mathrm{mol/L}$ のように低くなっても，水の自己解離による $[\mathrm{H}^+]$ が存在するため，酸の水溶液を考えている限りは pH は 7 を超えることはない．pH が 7 を超えるのは水溶液が塩基性のときである．例えば，NaOH の $0.1\,\mathrm{mol/L}$ 水溶液を考えてみよう．NaOH は強塩基であるから完全に解離する．したがって $[\mathrm{OH}^-] = 0.1\,\mathrm{mol/L}$ である．ここで K_w を使うと，

$$[\mathrm{H}^+] = \frac{K_\mathrm{w}}{0.1\,\mathrm{mol/L}} = 1.0 \times 10^{-13}\,\mathrm{mol/L} \tag{12.10}$$

となり，これは pH = 13 に対応する．$[\mathrm{OH}^-]$ が小さな値となればなるほど，pH は 7 に近づく．つまり，pH は水溶液の酸性，塩基性の尺度として利用できる．pH が 7 より小さければ酸性，7 であれば中性，7 より大きければ塩基性である（図 12.2）．

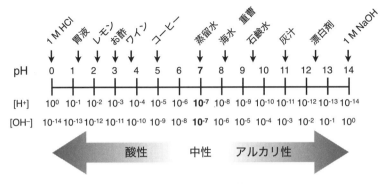

図 12.2　身の回りの液体の pH

12.2　ブレンステッド・ローリーの酸塩基

12.2.1　プロトンの授受としての酸塩基反応

1923 年に J. N. Brønsted (1879–1947) と T. M. Lowry (1874–1936) はそれぞれ独立に，新しいより一般的な酸塩基の定義を提案した．

― ブレンステッド・ローリーの酸塩基 ―
酸とはプロトン供与体であり，塩基とはプロトン受容体である．

この考え方に従うと，HCl が水中で電離する反応は

$$\mathrm{HCl + H_2O \longrightarrow Cl^- + H_3O^+} \tag{12.11}$$

と考えることで，HCl は $\mathrm{H_2O}$ にプロトンを与えているので，このように定義しても確かに HCl は酸である．一方，NaOH は水溶液中で

$$\mathrm{NaOH \longrightarrow Na^+ + OH^-} \tag{12.12}$$

のように電離するが，電離しただけではプロトンの授受は起きていない．引き続いて起こる

$$\mathrm{OH^- + H_2O \longrightarrow H_2O + OH^-} \tag{12.13}$$

という反応において $\mathrm{OH^-}$ が $\mathrm{H_2O}$ から $\mathrm{H^+}$ を受け取って $\mathrm{H_2O}$ になっている．つまりブレンステッド・ローリーの定義によれば，NaOH 自体は塩基ではなく，電離して生じる $\mathrm{OH^-}$ が塩基ということになる．

12.2.2　酸塩基の共役関係

注意深い人は既に気づいたかもしれないが，式 (12.11) において HCl がプロトンを $\mathrm{H_2O}$ に与えた酸であったということは，$\mathrm{H_2O}$ はプロトンを貰っているので塩基である．また，逆反応を考えると右辺の $\mathrm{H_3O^+}$ はプロトンを与える酸，$\mathrm{Cl^-}$ はプロトンを貰う塩基となっている．この関係を明示して書くと，

$$\mathrm{HCl\,(acid) + H_2O\,(base) \rightleftharpoons Cl^-\,(base) + H_3O^+\,(acid)} \tag{12.14}$$

ここで，授受されるプロトン以外の部分については左右で HCl (acid) と $\mathrm{Cl^-}$ (base) が対応し，$\mathrm{H_2O}$ (base) と $\mathrm{H_3O^+}$ (acid) が対応する．つまり，正逆反応で酸であったものは塩基に，塩基であったものは酸になっている．このような関係を**共役**と呼ぶ．より具体的に言えば，酸 HCl の共役塩基は $\mathrm{Cl^-}$ であり，塩基 $\mathrm{H_2O}$ の共役酸は $\mathrm{H_3O^+}$ であるということになる．

12.2.3　酸塩基の強度

水溶液中でのブレンステッド酸（HA）の電離は

$$\mathrm{HA + H_2O \rightleftharpoons H_3O^+ + A^-} \tag{12.15}$$

と書くことができる．この反応の平衡定数すなわち**酸解離定数** K_a は

$$K_a = \frac{a_{H_3O^+} a_{A^-}}{a_{HA} a_{H_2O}} \sim \frac{[H_3O^+][A^-]}{[HA]} \quad (12.16)$$

で与えられる．一方，共役塩基 A^- の水溶液中での反応

$$A^- + H_2O \rightleftharpoons HA + OH^- \quad (12.17)$$

の平衡定数すなわち**塩基解離定数** K_b は

$$K_b = \frac{a_{HA} a_{OH^-}}{a_{A^-} a_{H_2O}} \sim \frac{[HA][OH^-]}{[A^-]} \quad (12.18)$$

で与えられる．ここでやはり解離定数は幅広い値を取り得るので，これらに対しても**解離指数**を次のように定義して用いる．

$$pK_a = -\log K_a, \quad pK_b = -\log K_b \quad (12.19)$$

pK_a の値が小さいほど強い酸であり，pK_b の値が小さいほど強い塩基である．ここで，式 (12.16)，式 (12.18) の積をとると

$$K_a K_b = [H_3O^+][OH^-] = K_w \quad (12.20)$$

が得られる．両辺の対数をとって -1 をかけると，

$$pK_a + pK_b = 14 \quad (12.21)$$

という関係があることが分かるから，次のことが結論できる．

共役酸・共役塩基の強度

強酸の共役塩基は弱塩基であり，弱酸の共役塩基は強塩基である．

また，$pK_b = 14 - pK_a$ であることを使って，塩基の強度を共役酸の強度で表示することも多い（表 12.1）．pK_a が小さいほど酸として強く，pK_a が大きいほど共役な塩基は塩基として強いということになる．pK_a によって，通常は酸塩基性を議論することのない H_2 についてもその酸

表 12.1　様々な化合物の pK_a

Conjugated Acid		pK_a	Conjugated Base	
アルカン	H$_3$C–CH$_2$–CH$_3$	~50	H$_3$C–CH$_2$–CH$_2^-$	
水素	H–H	36	H$^-$	
アルコール	H$_3$C–OH	17	H$_3$C–O$^-$	
水	H$_2$O	14	OH$^-$	
カルボン酸	H$_3$C–C(=O)OH	4	H$_3$C–C(=O)O$^-$	
フッ化水素	HF	3.2	F$^-$	
硫酸	HO–S(=O)$_2$–OH	–3	HO–S(=O)$_2$–O$^-$	
塩化水素	HCl	–6	Cl$^-$	

塩基性を様々な物質群の中に位置づけることが可能となる．図によれば H$_2$ の pK_a は 36 とその酸性は極めて弱い．これゆえ通常は H$_2$ の酸性度など議論することはない．しかしながら同時に，弱酸の共役塩基は強塩基であったから，H$^-$ が存在すれば，他の物質からプロトンを引き抜く力が極めて高いということも知れるのである．すべての酸塩基が pK_a という統一的尺度で論じられることの利点は大きい．

12.2.4 pK_a で分かる酸塩基反応の向き

pK_a は，酸塩基の強さの指標となるだけでなく，反応の向きの予言さえ可能とする．具体例として再び HCl と NaOH の反応を取り上げよう．NaOH が電離した OH^- が塩基の主体であったことを思い出すと反応式は

$$HCl + OH^- \rightleftharpoons H_2O + Cl^- \tag{12.22}$$

と書くのがよいだろう．これは

$$HCl \longrightarrow H^+ + Cl^- \tag{12.23}$$

$$OH^- + H^+ \longrightarrow H_2O \tag{12.24}$$

という 2 つの反応からなっていると見ることができる．ここで HCl の酸解離定数 K_{HCl} および OH^- の共役酸 H_2O の酸解離定数 K_{H_2O} が

$$K_{HCl} = \frac{a_{H^+} a_{Cl^-}}{a_{HCl}} \tag{12.25}$$

$$K_{H_2O} = \frac{a_{H^+} a_{OH^-}}{a_{H_2O}} \tag{12.26}$$

であることを考慮すると，反応の平衡定数 K_{reac} は

$$K_{reac} = \frac{a_{H_2O} a_{Cl^-}}{a_{HCl} a_{OH^-}} = \frac{K_{HCl}}{K_{H_2O}} \tag{12.27}$$

で与えられることが分かる．このとき，両辺の対数をとって -1 をかければ

$$pK_{reac} = pK_{HCl} - pK_{H_2O} = -6 - 14 = -20 \tag{12.28}$$

となる．最後の具体的な数字は表 12.1 の値を用いて計算した．これはつまり，

$$K_{reac} = 10^{20} \tag{12.29}$$

を意味するから，反応の平衡は圧倒的に右側に偏り，事実上

$$HCl + OH^- \longrightarrow H_2O + Cl^- \tag{12.30}$$

のように書くのが正しいということになる．これは確かに，我々の知っている中和反応の向きに一致している．

以上の議論を一般化すると，酸（HA）と塩基（B$^-$）の間の反応

$$HA + B^- \rightleftharpoons A^- + HB \tag{12.31}$$

の平衡定数 K_reac は酸 HA の pK_a と塩基 B$^-$ の共役酸 HB の pK_a を用いて

$$K_\text{reac} = 10^{-(\text{p}K_\text{a}[\text{HA}] - \text{p}K_\text{a}[\text{HB}])} \tag{12.32}$$

と書けるという形にまとめることができる．したがって，pK_a[HA] − pK_a[HB] が小さいときにその反応は進行するということになるが，この条件は HA が強酸で B$^-$ が強塩基の条件であるから，より分かりやすいのは次の表現であろう．

酸塩基反応の一般則

ブレンステッド・ローリーの酸塩基反応では

$$\text{強酸} + \text{強塩基} \longrightarrow \text{弱塩基} + \text{弱酸} \tag{12.33}$$

の向きに反応が進行する．

12.2.5 pK_a と pH

pK_a は酸の強度を示す尺度として有用であるが，水溶液の液性を実験的に測定する際にはやはり pH が用いられる．pK_a から pH を求める方法について見ておこう．弱酸 HA の解離平衡

を考える．HA の初期濃度が C であり，HA の解離度が α であるとすると，

$$K_a = \frac{[\text{H}^+][\text{A}^-]}{[\text{HA}]} = \frac{(C\alpha)(C\alpha)}{C(1-\alpha)} = \frac{C\alpha^2}{1-\alpha} \quad (12.34)$$

が成立する．一般的には，$[\text{H}^+]$ は α についての2次方程式の正値解 α_+ を使って $[\text{H}^+] = C\alpha_+$ と書けるので，pH は

$$\text{pH} = -\log\left[\frac{K_a}{2}\left(\sqrt{1 + \frac{4C}{K_a}} - 1\right)\right] \quad (12.35)$$

として計算することができる．$C \gg K_a$ を満たすときは，$[\text{H}^+] \sim \sqrt{K_a C}$ となるので，

$$\text{pH} = \frac{1}{2}\text{p}K_a - \frac{1}{2}\log C \quad (12.36)$$

と簡単に求まる．なお，弱塩基の pH を求める場合は，$\text{p}K_b$ から同様にして $\text{pOH} = -\log[\text{OH}^-]$ を求め，pH に変換すればよい．

12.3 身の回りの酸塩基反応

12.3.1 雨水の pH と酸性雨

環境問題の一つに**酸性雨**と呼ばれるものがあるのを聞いたことがあるだろう．ところで，人為的な酸性雨の原因物質がないとき，雨水の pH はどれくらいになるだろうか．中性の pH = 7 となるかと思うかもしれないが，そうではない．空気中の CO_2 の影響を考えなくてはならない．CO_2 は水に溶けて炭酸 H_2CO_3 となるから，そもそもある程度は酸性を示すはずなのである．ここでは，大気中の CO_2 の影響を考慮した雨水の pH を求めてみたい．

まず第一に，CO_2 がどれくらい水に溶けるかということを知る必要がある．それにはヘンリーの法則が使える．水への溶解についてのヘンリー定数は表 9.1 にあり，そこには CO_2 の値も出ている．大気中の CO_2 の分圧 P を $P = 4 \times 10^{-4}\,\mathrm{atm}$ であるとすると，雨水中の H_2CO_3 の初期濃度 C は

$$C = k_\mathrm{H} P = (3.4 \times 10^{-2}) \cdot (4 \times 10^{-4}) = 1.36 \times 10^{-5}\,\mathrm{mol/L}$$

となる．H_2CO_3 の解離定数

$$K = \frac{[\mathrm{H}^+][\mathrm{HCO_3}^-]}{[\mathrm{H_2CO_3}]}$$

は $4.47 \times 10^{-7}\,\mathrm{mol/L}$ である．この場合，前節の $C \gg K_\mathrm{a}$ とみてよいので式 (12.36) を用いて実際に計算してみると，

$$\mathrm{pH} = 5.6$$

が得られる．つまり，雨水がこの程度の酸性を示していても，それは酸性雨とは呼ばれない．この値より顕著に低い pH の雨水が観測されてはじめて酸性雨の影響を検討する必要が出てくるのである．

12.3.2 石鹸の化学

脂肪を炭酸ナトリウム Na_2CO_3 で処理すると，アルカリによる加水分解によって脂肪酸のナトリウム塩とグリセロールが生じる．図 12.3 には NaOH が添加されて起こる反応を書いているが，事実上これと同じことが起こる．この脂肪酸ナトリウム塩は $O^- \cdots Na^+$ 部が親水性，脂肪酸のアルキル基が疎水性（親油性）であるから両親媒性であり，水中でミセルを形成する．内部に油脂汚れを包み込みつつも，ミセルは水に溶けることができる．これが石鹸のしくみであった．

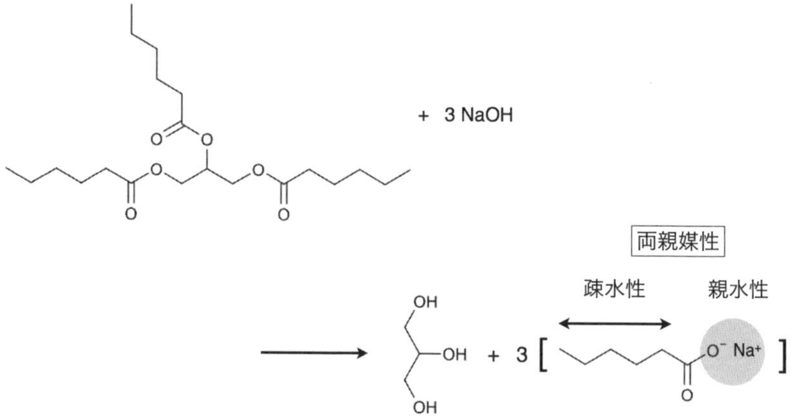

図 12.3　脂肪のケン化

普通の水では脂肪の加水分解はほぼ起こらないから，炭酸ナトリウムを水に溶かしたとき，アルカリが生じる点は重要である．ところで炭酸ナトリウムは炭酸と水酸化ナトリウムの中和反応で生じる塩であるが，これを水に溶かしてアルカリ性を示すというのはどういうことだろうか．

$$\text{Na}_2\text{CO}_3(\text{s}) \xrightarrow{\text{H}_2\text{O}} 2\,\text{Na}^+(\text{aq}) + \text{CO}_3{}^{2-}(\text{aq}) \tag{12.37}$$

ここで $\text{Na}^+(\text{aq})$ は $\text{OH}^-(\text{aq})$ との反応が考えられるが，NaOH は強塩基であるために反応はまったく進行しない．一方，$\text{CO}_3{}^{2-}(\text{aq})$ は

$$\text{CO}_3{}^{2-}(\text{aq}) + \text{H}_2\text{O} \rightleftharpoons \text{HCO}_3{}^- + \text{OH}^- \tag{12.38}$$

のような平衡にある．これは塩基の解離平衡にほかならない．その平衡定数 K_b は

$$K_\text{b} = \frac{[\text{HCO}_3{}^-][\text{OH}^-]}{[\text{CO}_3{}^{2-}]} = \frac{[\text{HCO}_3{}^-]K_\text{w}}{[\text{CO}_3{}^{2-}][\text{H}^+]} = \frac{K_\text{w}}{K_\text{a}} \tag{12.39}$$

$\text{HCO}_3{}^-$ の K_a は 5.6×10^{-11} ($pK_\text{a} = 10.3$) であり，$K_\text{b} \gg K_\text{w}$ であ

る．すなわち，溶液中の $[\mathrm{OH}^-]$ に対する水の自己解離の寄与は考えなくてよい．ここで当初作成した $\mathrm{Na_2CO_3}$ 水溶液の濃度 C が $1.0\,\mathrm{mol/L}$ であったとすると，$C \gg K_\mathrm{b}$ を満たすので，

$$\mathrm{pOH} = \frac{1}{2}\mathrm{p}K_\mathrm{b} = \frac{1}{2}(14 - \mathrm{p}K_\mathrm{a}) = 1.9$$

したがって，

$$\mathrm{pH} = 14 - 1.9 = 12.1$$

となり，確かに $\mathrm{Na_2CO_3}$ の水溶液は塩基性を示す．式 (12.38) によって生じた OH^- が脂肪（脂肪酸とグリセロールのエステル）を攻撃し，加水分解が起こる．エステルの加水分解については後の章で詳しく触れる．なお，上記の議論を繰り返すと，一般に強酸・強塩基の塩の水溶液は中性，強酸・弱塩基の塩の水溶液は酸性，弱酸・強塩基の塩の水溶液は塩基性であることが導かれる．

演習問題 12

1. $\mathrm{CH_3COONa} + \mathrm{HCl} \rightleftharpoons \mathrm{CH_3COOH} + \mathrm{NaCl}$ の反応の平衡定数 K を求めよ．必要に応じて表 12.1 を用いてよい．

解答

1. 12.2.4 節の議論に基づけば，

$$K = \frac{[\mathrm{CH_3COOH}][\mathrm{Na^+}][\mathrm{Cl^-}]}{[\mathrm{CH_3COO^-}][\mathrm{Na^+}][\mathrm{HCl}]} = \frac{K_\mathrm{a}^{\mathrm{HCl}}}{K_\mathrm{a}^{\mathrm{CH_3COOH}}} = 10^{10}$$

であるので，反応は右に大きく偏っている．

13 | 酸化還元

安池智一

《目標＆ポイント》 多様な化学反応のもう一つの類型である酸化還元反応について学ぶ．燃焼や金属の製錬および電池といった多岐にわたる反応が，電子の授受を伴う酸化還元反応として統一的に記述されることを理解する．
《キーワード》 電子の授受，酸化数，標準電極電位，イオン化傾向

13.1 酸化還元とは

13.1.1 燃焼反応と酸化還元の定義

酸化還元反応は，酸塩基反応とならぶ化学反応の基本形である．酸化還元反応は，人類がもっとも古くから利用してきた化学変化——燃焼反応の探求から浮かび上がってきたものである．化学革命は Boyle の時代よりも 1 世紀後の 18 世紀におこったとされるが，それは燃焼反応を正しく認識したことをもって画期とみなしているからである．燃焼を理解する過程で，木炭の燃焼

$$C(s) + O_2(g) \longrightarrow CO_2(g), \quad C(s) + \tfrac{1}{2}O_2(g) \longrightarrow CO(g) \quad (13.1)$$

だけでなく，金属の燃焼による金属灰の生成，例えば

$$2\,Cu(s) + O_2(g) \longrightarrow 2\,Cu_2O(s) \quad (13.2)$$

のような反応が検討されたが，ここで議論が分かれることになった．木炭は燃えたあと軽くなるのに対して，金属灰は元の金属よりも重くなる．つまり，燃焼とは可燃性物質から何かが脱離する過程なのか，それとも

空気中の何かが結合する過程なのかという議論が生じたのである．まず大勢を占めたのは，前者であった．木の中にはフロギストン（燃素）があり，燃焼とはそれが出ていく過程であるとされた．この考え方は，木炭と一緒に金属灰を燃やすと元の金属に還元されるという実験結果とつじつまが合うように見えた．つまり，

$$\text{金属} \xrightarrow{\text{空気中で加熱}} \text{金属灰} + \text{フロギストン} \qquad (13.3)$$

$$\text{金属灰} + (\text{フロギストンを含む})\,\text{木炭} \xrightarrow{\text{加熱}} \text{金属} \qquad (13.4)$$

のように考える．すなわち，(1) よく燃える木炭はフロギストンを多く含む．(2) 金属灰と一緒に加熱すると木炭から遊離したフロギストンが金属に付着し，元の金属に戻るというふうに考えられるのである．しかし，式 (13.3) で金属灰の方が金属よりも重いことは，このフロギストン説が出るより前，すでに Boyle が指摘していたことであった．それでもなお，このフロギストン説は多くの人に信じられたのである．

　新しい実験をデザインすることで正しい理解を与えたのは Lavoisier である．彼は，金属錫を空気とともに大きなフラスコに封入して全体を加熱し，金属の灰化を確認して加熱前後の重量を比較した．このときもちろん重量変化はない．封を切って空気を導入すると全体の重量は少し増加するが，彼は，その増加分が金属灰の重量の増加分とほぼ等しいことを示した．このことから，錫の重量増加は，空気またはその一部が結合したことによると結論できる．また，当時水銀の金属灰は木炭の存在がなくとも加熱だけで

$$2\,\mathrm{HgO} \xrightarrow{\Delta} 2\,\mathrm{Hg} + \mathrm{O}_2 \qquad (13.5)$$

のように還元できることが知られるようになっており，これもフロギストン説を退ける一つの傍証となった．さらに，このとき発生する気体は

燃焼をよく助ける空気中の成分であることを J. Priestley (1733–1804) から学んだ. Lavoisier はこの気体に酸素という名前を与え, 1778 年に燃焼反応は酸素の結合する**酸化反応**であること, また, 酸素を脱離させる反応が**還元反応**であるという正しい理解を与えた. 彼による酸化還元の定義は次のようになる.

ラボアジエの酸化還元

酸化：酸素と結合すること
還元：酸素が脱離すること

13.1.2　電子の授受による酸化還元の定義

しかしながら, ラボアジエの酸化還元は, 酸塩基に対するアレニウスの定義に相当し, その有効性は限定的である. 酸素との化合だけが燃焼ではない. 例えば, 熱した金属ナトリウムに塩素の気体を通じると黄色い炎を上げて燃える. つまり必ずしも酸素は必要ないのである. 現在では, これらの現象を含むより広い概念として, **電子の授受**に基づいて酸化還元を定義するのが一般的である.

現代的な酸化還元

酸化：原子分子から電子を取り去ること
　　　酸化剤は自らは還元される電子受容体.（例）$O \longrightarrow O^{2-}$
還元：原子分子に電子を与えること
　　　還元剤は自らは酸化される電子供与体.（例）$Li \longrightarrow Li^+$

この定義に基づいて, 酸化還元が定義できることを確かめてみよう. まず, 酸素が結合する普通の酸化が適切に表現されるかを見てみる. マ

グネシウム粉末が空気中で激しく燃焼する反応は

$$2\,\mathrm{Mg} + \mathrm{O}_2 \longrightarrow 2\,\mathrm{MgO} \tag{13.6}$$

のように書くことができる．ここでMgOはイオン結合性の物質で$\mathrm{Mg}^{2+}\mathrm{O}^{2-}$と表すのがより実態に即している．電子数の変化に基づく酸化還元の定義によれば，Mgは電子を失っているから確かにマグネシウムは酸化されているということになる．一方，Oは電子を獲得して還元されているから，これは酸化剤の定義，自らは還元される電子受容体になっている．次に，酸素が関係しない燃焼反応として例に挙げた

$$2\,\mathrm{Na} + \mathrm{Cl}_2 \longrightarrow 2\,\mathrm{NaCl} \tag{13.7}$$

ではどうだろうか．生成物はやはりイオン性で$\mathrm{Na}^+\mathrm{Cl}^-$と表されるから，Naは電子を失いClは電子を獲得している．したがってNaは酸化されていて，一方でCl_2は酸化剤として働いて自身は還元されたとみることができる．この反応もうまく酸化還元として捉えることができた．電子の授受という観点に立つことによって，酸化還元として理解される化学変化の範囲は大きく拡大される．この事情は，酸塩基がプロトンの授受で定義されることになったことと共通している．

13.1.3 酸化数

前節で電子の授受として見ることのできる2つの酸化還元反応の例を示したが，いずれも単体からイオン性化合物への変化であった．この場合には，化合物の構成原子間で実際に電子の授受が起こっている．このように考えると，有機化合物のようなおもに共有結合でできている化合物では電子は原子間で共有されているから，電子の授受は起こらない，すなわち酸化還元反応は存在しないことになる．一方で，有機化合物に

典型的な酸化剤や還元剤を作用させると水素脱離や水素付加が起こるが，やはり典型的な酸化剤や還元剤を作用させて起こる反応は酸化還元と捉えるのがよいだろう．このためには，電子の授受をより一般的に考える必要がある．

有機化合物は基本的に共有結合からなっているから，原子間で電子は共有されており，水素の脱着において明白な電子の授受はない．しかしながら，原子によって電気陰性度が異なるため，電子分布は電気陰性度に応じて非対称に分布しうる．例えば，有機化合物の中で H は X (=C, O, N, P, S, F, Cl) と結合することが多いが，H の電気陰性度は X のいずれの原子に比べても小さく，XH 結合は $X^{\delta-}H^{\delta+}$ のように分極する．このときに便宜的に X^-H^+ のように１つ完全に電子が移動したと見なして酸化状態を定義するのが**酸化数**の考え方である．XH の例で言えば，X の電荷に相当する -1，H の電荷に相当する $+1$ が X, H それぞれの酸化数である．

酸化数を決める基本的な考え方は上記で尽きているが，ここでは一連のルールとして酸化数の決め方をまとめておこう．

酸化数の決め方

1) 単原子イオンの酸化数はイオンの電荷に等しい．
2) 多原子イオンの構成原子の酸化数の和はイオンの電荷に等しい．
3) 単体中の原子の酸化数は 0．
4) ハロゲンの酸化数は -1．
5) O の酸化数は -2（過酸化物では -1 など例外あり）．
6) 非金属元素と結合した H の酸化数は $+1$．
7) 金属元素と結合した H の酸化数は -1．

このように酸化数を定義すると，メタンの燃焼反応

$$\mathrm{CH_4 + 2\,O_2 \longrightarrow CO_2 + 2\,H_2O} \tag{13.8}$$

において，メタンの炭素は -4，二酸化炭素の炭素は $+4$ となるから，めでたく電子の授受の観点からもこの反応を酸化反応と見なすことができるようになる．また，確かに酸化剤の作用によって水素脱離が起こっていることも見て取れるであろう．もちろん水素の酸化数を $+1$ とした時点でこれは当然のことである．

13.2 酸化還元反応と標準電極電位

13.2.1 酸化還元反応と半反応

酸化還元反応は電子の授受であるが，これは酸塩基反応がプロトンの授受であることと，形式上の類似点を有している．したがって，自発的に起こる酸化還元反応の向きは，第 12.2.4 節で酸塩基反応に対して用いた考え方が応用できる．これは例えば，水の還元反応

$$\mathrm{H_2O \longrightarrow H_2 + \tfrac{1}{2} O_2} \tag{13.9}$$

を 2 つの**還元半反応**

$$\tfrac{1}{2}\mathrm{O_2 + 2\,H^+(aq) + 2\,e^- \rightleftharpoons H_2O} \tag{13.10}$$

$$\mathrm{2\,H^+(aq) + 2\,e^- \rightleftharpoons H_2(g)} \tag{13.11}$$

の組み合わせとして考え，それぞれの反応の平衡定数に基づいて水の還元反応の平衡定数を議論しようというものである．

一般的な式で書けば次のようになる．酸化還元反応は，物質 1 の酸化体および還元体を Ox1, Red1，物質 2 の酸化体および還元体を Ox2, Red2 として

$$\mathrm{Ox1 + Red2 \rightleftharpoons Red1 + Ox2} \tag{13.12}$$

のように書くことができる．この反応は，2 つの還元半反応

$$\text{Ox1} + ne^- \rightleftharpoons \text{Red1} \qquad (13.13)$$

$$\text{Ox2} + ne^- \rightleftharpoons \text{Red2} \qquad (13.14)$$

の組み合わせで表現できる．ここで式 (13.12) の酸化還元反応の平衡定数は，2 つの還元半反応の平衡定数 K_{Red1}，K_{Red2} を用いて

$$K_{\text{reac}} = \frac{K_{\text{Red1}}}{K_{\text{Red2}}} \qquad (13.15)$$

と書くことができる．半反応の平衡定数が分かれば，半反応式の組み合わせで作られる任意の酸化還元反応の平衡がいずれに傾くか——すなわちある酸化還元反応が起こるか起こらないかを予測することができる．

13.2.2 酸化還元反応平衡定数の電気化学測定

ここで問題になるのが**還元半反応の平衡定数**をどのように決めるかであるが，

$$\text{Ox} + ne^- \rightleftharpoons \text{Red} \qquad (13.16)$$

のような反応が実際に起こりそうな場所と言えば，電池の電極近傍が考えられる．例えば，図 13.1 のようなダニエル電池を考えてみよう．図か

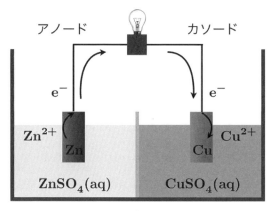

図 13.1　ダニエル電池

ら分かるように亜鉛電極では Zn の酸化が，銅電極では Cu の還元が起こっている．酸化が起こる電極をアノード，還元が起こる電極をカソードと呼ぶ．電極間をつなぐ回路によって Zn の酸化によって対極に運ばれて Cu の還元に用いられる．つまり，各電極で半反応が起こり，電池全体としてはそれらが組み合わさった酸化還元反応が起こっている．

したがって，さまざまな還元半反応に対応する電池を組めば，何らかの電気化学測定を行うことで関係する平衡定数を決めることができそうである．図 13.1 の回路を見たとき，最も簡単に測定できそうなのは 2 つの電極間にかかる電圧である．2 つの電極の電位差が $\mathcal{E}$ であるとき，n モルの電子が移動して行う仕事は $nF\mathcal{E}$ である [1] が，この仕事はどこから来たかといえば，酸化還元反応によって電池から放出されたエネルギーであり，それは系の反応ギブズエネルギーの負値 $-\Delta G_{\text{reac}}$ に等しい [2]．つまり，標準状態の電位差 (**標準起電力**，$\mathcal{E}^\circ$) を測定すれば，標準反応ギブズエネルギー $-\Delta G^\circ_{\text{reac}}$ が

$$-\Delta G^\circ_{\text{reac}} = nF\mathcal{E}^\circ \tag{13.17}$$

のようにして分かることとなる．標準反応ギブズエネルギーは反応の平衡定数と

$$-\Delta G^\circ_{\text{reac}} = RT \ln K_{\text{reac}} \tag{13.18}$$

で結ばれていたから，標準起電力と反応の平衡定数は

$$\mathcal{E}^\circ = \frac{RT}{nF} \ln K_{\text{reac}} \tag{13.19}$$

---

[1] F はファラデー定数で 1 モルの電荷 eN_A に相当する．$F = eN_A = 1.60217662 \times 10^{-19} \cdot 6.0221409 \times 10^{23} \sim 96485\,\text{C/mol}$．

[2] ギブズエネルギーは自由エネルギーと呼ばれることもある．これは系から放出されるエネルギーのうち仕事として自由に使えるものということに由来した名称である．この辺りの事情は熱力学で学ぶとよいだろう．

で相互に関係づけられる量であることが分かる．すなわち，標準起電力を測ることは酸化還元反応の平衡定数を測ることと等価であることが分かる．

ところで，本節の目指すところは，反応の平衡定数を決めることではなく，半反応の平衡定数を決めることであった．しかしながら，これを直接決めるような測定手段はないのである．そこで，標準起電力を表す式 (13.19) を，式 (13.15) を使って

$$\mathcal{E}^\circ = \frac{RT}{nF} \ln K_{\text{reac}} = \frac{RT}{nF} \left(\ln K_{\text{Red1}} - \ln K_{\text{Red2}} \right)$$
$$= E^\circ_{\text{Red1}} - E^\circ_{\text{Red2}} \tag{13.20}$$

のように変形してみる．こうすると，標準起電力は標準状態にある 2 つの電極電位 E°_{Red1}, E°_{Red2} の差と解釈できる．そうすると，2 つの電極の片方の半反応を固定して様々な系について標準起電力を測定すれば，固定した半反応を基準にとった他方の標準電極電位を決めることができる．この値は半反応の平衡定数と結びついており，ようやく目的の値の決定法にたどり着いた．実際には，わざわざ平衡定数に直すことはせずに，標準電極電位の値を使って系の平衡を議論する．

固定する半反応，すなわち参照系には通常，**標準水素電極** (standard hydrogen electrode; SHE) が用いられる．この電極で起こる反応は

$$2\,\text{H}^+ + 2\,\text{e}^- \rightleftharpoons \text{H}_2 \tag{13.21}$$

である．電極電位を決めたい半反応を

$$\text{Ox} + n\,\text{e}^- \rightleftharpoons \text{Red} \tag{13.22}$$

とすると，全系の酸化還元反応は

$$\text{Ox} + \frac{n}{2}\,\text{H}_2 \rightleftharpoons \text{Red} + n\,\text{H}^+ \tag{13.23}$$

となるから，この電池の起電力は

$$\mathcal{E}^\circ = E^\circ_{\text{Red}} - E^\circ_{\text{SHE}} \tag{13.24}$$

で与えられる．式 (13.22) の電極電位は SHE に対して表示するので，式 (13.21) の電極電位は 0 V となる．

13.2.3　標準電極電位による反応の予測

表 13.1 には様々な半反応に対する標準電極電位がまとめられている．これを使うと様々な酸化還元平衡を簡単に議論できる．起電力と平衡定数は式 (13.19) で結ばれていたから，K_{reac} は

$$\ln K_{\text{reac}} = \frac{nF}{RT}\mathcal{E}^\circ \tag{13.25}$$

と書ける．ここで

$$\ln a = \ln 10 \cdot \log a \sim 2.303 \log a$$

であることを思い出すと，

$$\log K_{\text{reac}} = \frac{nF}{2.303 RT}\mathcal{E}^\circ \tag{13.26}$$

と変形できるから，

$$K_{\text{reac}} = 10^{\frac{nF}{2.303RT}\mathcal{E}^\circ} = 10^{16.9 n \mathcal{E}^\circ} \quad (298.15\,\text{K}) \tag{13.27}$$

なる関係が導かれる．最右辺は $T = 298.15\,\text{K}$ としてファラデー定数，気体定数の具体的な数値を代入したもので，平衡を標準状態で議論するのに便利な形になっている．この式はつまり，標準起電力と授受される電子のモル数が分かれば平衡定数が分かるということを意味するが，標準起電力は標準電極電位の差によって計算できたから，表 13.1 を使えば表に掲載された半反応の組み合わせで表される酸化還元反応の平衡定数が簡単に求まるということになる．

表 13.1　標準電極電位

Reduction Half-Reaction		$E°$ (V)
$F_2(g) + 2\,e^-$	$\to 2\,F^-(aq)$	+2.87
$H_2O_2(aq) + 2\,H_3O^+(aq) + 2\,e^-$	$\to 4\,H_2O(\ell)$	+1.77
$PbO_2(s) + SO_4^{2-}(aq) + 4\,H_3O^+(aq) + 2\,e^-$	$\to PbSO_4(s) + 6\,H_2O(\ell)$	+1.685
$MnO_4^-(aq) + 8\,H_3O^+(aq) + 5\,e^-$	$\to Mn^{2+}(aq) + 12\,H_2O(\ell)$	+1.52
$Au^{3+}(aq) + 3\,e^-$	$\to Au(s)$	+1.50
$Cl_2(g) + 2\,e^-$	$\to 2\,Cl^-(aq)$	+1.360
$Cr_2O_7^{2-}(aq) + 14\,H_3O^+(aq) + 6\,e^-$	$\to 2\,Cr^{3+}(aq) + 21\,H_2O(\ell)$	+1.33
$O_2(g) + 4\,H_3O^+(aq) + 4\,e^-$	$\to 6\,H_2O(\ell)$	+1.229
$Br_2(\ell) + 2\,e^-$	$\to 2\,Br^-(aq)$	+1.08
$NO_3^-(aq) + 4\,H_3O^+(aq) + 3\,e^-$	$\to NO(g) + 6\,H_2O(\ell)$	+0.96
$OCl^-(aq) + H_2O(\ell) + 2\,e^-$	$\to Cl^-(aq) + 2\,OH^-(aq)$	+0.89
$Hg^{2+}(aq) + 2\,e^-$	$\to Hg(\ell)$	+0.855
$Ag^+(aq) + e^-$	$\to Ag(s)$	+0.80
$Hg_2^{2+}(aq) + 2\,e^-$	$\to 2\,Hg(\ell)$	+0.789
$Fe^{3+}(aq) + e^-$	$\to Fe^{2+}(aq)$	+0.771
$I_2(s) + 2\,e^-$	$\to 2\,I^-(aq)$	+0.535
$O_2(g) + 2\,H_2O(\ell) + 4\,e^-$	$\to 4\,OH^-(aq)$	+0.40
$Cu^{2+}(aq) + 2\,e^-$	$\to Cu(s)$	+0.337
$Sn^{4+}(aq) + 2\,e^-$	$\to Sn^{2+}(aq)$	+0.15
$2\,H_3O^+(aq) + 2\,e^-$	**$\to H_2(g) + 2\,H_2O(\ell)$**	**0.00**
$Sn^{2+}(aq) + 2\,e^-$	$\to Sn(s)$	−0.14
$Ni^{2+}(aq) + 2\,e^-$	$\to Ni(s)$	−0.25
$V^{3+}(aq) + e^-$	$\to V^{2+}(aq)$	−0.255
$PbSO_4(s) + 2\,e^-$	$\to Pb(s) + SO_4^{2-}(aq)$	−0.356
$Cd^{2+}(aq) + 2\,e^-$	$\to Cd(s)$	−0.40
$Fe^{2+}(aq) + 2\,e^-$	$\to Fe(s)$	−0.44
$Zn^{2+}(aq) + 2\,e^-$	$\to Zn(s)$	−0.763
$2\,H_2O(\ell) + 2\,e^-$	$\to H_2(g) + 2\,OH^-(aq)$	−0.8277
$Al^{3+}(aq) + 3\,e^-$	$\to Al(s)$	−1.66
$Mg^{2+}(aq) + 2\,e^-$	$\to Mg(s)$	−2.37
$Na^+(aq) + e^-$	$\to Na(s)$	−2.714
$K^+(aq) + e^-$	$\to K(s)$	−2.925
$Li^+(aq) + e^-$	$\to Li(s)$	−3.045

具体例で見てみよう．まず最初に2つの半反応を選ぶ．ここでは

$$2\,\mathrm{H^+(aq)} + 2\,\mathrm{e^-} \rightleftharpoons \mathrm{H_2(g)} \tag{13.28}$$

$$\mathrm{Fe^{2+}(aq)} + 2\,\mathrm{e^-} \rightleftharpoons \mathrm{Fe(s)} \tag{13.29}$$

を例に取ろう．いずれかの半反応をひっくり返して酸化還元反応を作る．ここではFeの式をひっくり返してHの式に加えてみよう．そうすると

$$\mathrm{Fe(s)} + 2\,\mathrm{H^+(aq)} \rightleftharpoons \mathrm{Fe^{2+}(aq)} + \mathrm{H_2} \tag{13.30}$$

が得られる．これは鉄を酸に溶かす反応である．このとき，（仮想的な）起電力 $\mathcal{E}^\circ$ は

$$\mathcal{E}^\circ = E^\circ_{2\,\mathrm{H^+(aq)},\mathrm{H_2(g)}} - E^\circ_{\mathrm{Fe^{2+}(aq)},\mathrm{Fe(s)}} = 0 - (-0.44) = 0.44\,\mathrm{V}$$

となる．$n=2$ であることに注意して式 (13.27) を用いれば

$$K_{\mathrm{reac}} = 10^{16.9 \cdot 2 \cdot 0.44} \sim 10^{14.9} \tag{13.31}$$

となり，式 (13.30) の反応の平衡は圧倒的に右に傾いていることが分かる．つまり，鉄は酸に溶けて気体水素を発生する．

いまやったことを振り返ってみると，表 13.1 から2つの反応を取ったとき，その標準電極電位の差が正になるようにすればその反応は進むことになる．つまり，標準電極電位がより高い反応をそのまま還元半反応として，標準電極電位がより低い反応をひっくり返して酸化半反応とすれば，そのような酸化還元反応は進むということが一般的に導かれる．上のはそのまま，下のはひっくり返すと覚えよう．

そのようにしてみると，Au, Ag, Cu は酸と混ぜても溶けることはなく，一方で Fe, Zn, Al, Mg, Na, K は酸に溶けてイオンとなり水素を発生するということが分かる．このことは表 13.1 の下にある金属ほどイ

オンになりやすいと言い換えることもでき，下から見ていくと確かにその序列は**イオン化傾向**と一致することが分かる．

13.3 身の回りの酸化還元反応

13.3.1 身の回りの酸化剤とその強さ

標準電極電位は半反応の平衡定数と関係していたから，半反応単独を考えて標準電極電位が正である反応は，右向きに進むことを意味している．還元半反応とは自らが還元される反応であるから，これは相手を酸化する反応にほかならない．このように考えると，標準電極電位と**酸化剤・還元剤の強さ**の関係は以下のようにまとめることができる．

標準電極電位と酸化剤・還元剤の強さ

〈強い酸化剤〉
標準電極電位が高い物質は還元体で存在する．自身が還元体になりやすい物質は他の物質から電子を奪う強い酸化剤である．

〈強い還元剤〉
標準電極電位が低い物質は酸化体で存在する．自身が酸化体になりやすい物質は他の物質に電子を与える強い還元剤である．

酸化剤について考えてみると，表 13.1 の上にあるのが強い酸化剤だということである．そのような目で表を眺めてみると，$O_2(g)$ はもちろん酸化剤であるが，さほど酸化剤としては強くないことが分かる．空気中の酸素による酸化を自動酸化と呼ぶが，一般にそれはマイルドな変化である．鉄が錆びるのは，まさに鉄が酸化鉄になる酸化反応であるが，それはゆっくりとした変化である．

世の中で酸化剤として用いられるのはより表 13.1 で上にある物質である．塩素ガス $Cl_2(g)$ はその代表例で，その強い酸化力が殺菌・消毒にひ

ろく利用されていることはご存知であろう．例えば，浄水場では有機化合物の除去を目的として塩素が利用されている．例えば炭化水素の酸化による究極的な生成物は CO_2 と H_2O であり，これらは無害であるから確かに有効である．ただし，酸化が不完全だと塩素化合物を生じることがある．その一つの例は発がん性のトリハロメタンであり，これを生じうることは塩素消毒の一つの問題点である．また，塩素ガスには刺激臭があり，最終的な浄水における塩素ガス濃度が高いと消費者には好まれない．その意味で，最近では水の浄化に過酸化水素 H_2O_2 が利用されることも増えている．

過酸化水素 H_2O_2 といえば，その3%水溶液はオキシドールとして家庭でも消毒に使われるが，実はかなり強い酸化剤であるということも表13.1から分かる．生成物が安全な水であるという意味でも，なかなか稀有な酸化剤である．また，最近では除菌グッズに Ag^+ を含むものが見られるが，それもその酸素に比べて強い酸化力の利用である．

13.3.2 ブリキとトタン

ブリキはスズ Sn でメッキされた鉄で，トタンは亜鉛 Zn でメッキされた鉄である．これらが錆びる過程について考えてみよう．一般に錆はメッキが物理的に剥がれた部分に水分が存在すると生じる．雨水は二酸化炭素を吸収して弱酸性であることはすでに見た．つまり，ここで登場する反応は

$$2H^+(aq) + 2e^- \rightleftharpoons H_2(g), \quad Fe^{2+}(aq) + 2e^- \rightleftharpoons Fe(s)$$

$$Zn^{2+}(aq) + 2e^- \rightleftharpoons Zn(s), \quad Sn^{2+}(aq) + 2e^- \rightleftharpoons Sn(s)$$

の4つである．まずブリキの場合には，スズの標準電極電位は $-0.14\,\text{V}$ と鉄の $-0.44\,\text{V}$ に比べて高く，この場合には鉄が $Fe^{2+}(aq)$ となって溶

解，水酸化鉄 $Fe(OH)_2$ として沈殿し，その後，水中の溶存酸素による酸化を受けて赤錆 Fe_2O_3 へと変化してしまう．一方でトタンの場合には，$-0.763\,V$ と標準電極電位の低い亜鉛は，自らが溶けて水素を発生するので，鉄は $Fe(s)$ のまま変化しない．したがって，錆の観点から言うとトタンの方が優れているということになる．

13.3.3　古代中国の湿式精錬

銅と鉄では，銅の方が標準電極電位が高いから，鉄の還元半反応をひっくり返して作った

$$Cu^{2+}(aq) + Fe(s) \rightleftharpoons Cu(s) + Fe^{2+}(aq) \tag{13.32}$$

という反応が起こるはずである．この反応に関連した技術は古くから中国で知られており，紀元1世紀ごろにその原型が整理された『神農本草経』には，早くも「鉱山から流れ出る銅イオンを含む青い水に鉄板を浸けると銅が得られる」という記載がある．

演習問題 13

1. $Cu^{2+}(aq) + 2e^- \rightleftharpoons Cu(s)$ および $Zn^{2+}(aq) + 2e^- \rightleftharpoons Zn(s)$ の半反応から作られる酸化還元反応について，その化学平衡を議論せよ．ただし，系の温度は $298.15\,K$ とする．

解答

1. $Cu^{2+}(aq) + Zn(s) \rightleftharpoons Cu(s) + Zn^{2+}(aq)$ についての仮想的な起電力は $+0.337 - (-0.763) = 1.1$ であるから，

$$K_{\text{reac}} = 10^{16.9 \cdot 2 \cdot 1.1} = 10^{37.18}$$

となり，銅が析出して亜鉛は水溶液中にイオンとして存在する．

14 | 分子をつくる1：官能基に注目しよう

鈴木啓介

《目標＆ポイント》　官能基は有機化合物の性質や反応性を特徴づける．本章では，酸化度の観点から様々な官能基を整理し，それらの相互変換について学ぶ．
《キーワード》　官能基，酸化度，酸化還元

14.1　はじめに

　多様な有機分子の中には，自然界で生命活動の営みに関わるものがある一方，化石資源（石炭，石油）から人工的に合成され，私たちの日常生活の様々な場面で役立っているものもある．このような分子の性質や挙動を理解したり，それらを他の分子に変換したりするためには，どのような知識が必要だろうか．本章および次章は"分子をつくる"と題し，有機合成，すなわち入手容易な化合物から望みの化合物を得る方法の基本的な考え方を学ぶことにしよう．
　本章では，有機分子の性質を特徴づける要素である様々な官能基を紹介し，それらの相互関係について解説する．

14.2　電子の矢印

　ここで有機化学の反応を考える上で有効な"矢印"を紹介する．これは 1920 年代に R. Robinson (1886–1975) と C. Ingold (1893–1970) によって創始された**有機電子論**の基礎となるもので，電子の偏りや動きを

表す.以下のようにイオン反応の2電子移動は**両羽の矢印**を用い,ラジカル反応の1電子移動は**片羽の矢印**で示す約束である.この矢印を使いこなせるようになると,電子の動きをもとに手軽に反応機構を考えることができる.次節では,この矢印を使いながら結合の分極や,イオン反応による結合開裂や生成の様子を考えてみよう.

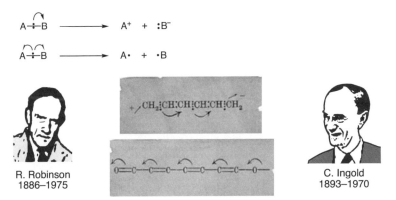

図 14.1　電子の矢印

14.3　結合の分極

まず,σ結合電子の偏りについてである.異なる2つの原子XとYとが共有結合で結びついているとする.共有結合とはいうものの,一般には結合電子は2原子間に均等に分布しておらず,どちらか一方に偏っている.これを**結合の分極**という.この分極の程度の目安となるのが**電気陰性度**である.以下に周期表の一部を抜き書きした.有機化学の中心である炭素原子の電気陰性度は 2.5 であるが,それに付随して有機化合物に多く含まれる元素の値が示してある.

例えば,塩化アルキル化合物に含まれる C–Cl 結合に注目する.炭素

周期	族						
	1	2	3	14	15	16	17
1	H 2.1						
2	Li 1.0	Be 1.5	B 2.0	C 2.5	N 3.0	O 3.5	F 4.0
3	Na 0.9	Mg 1.2	Al 1.5	Si 1.8	P 2.1	S 2.5	Cl 3.0
4	K 0.8	Ca 1.0					Br 2.8
							I 2.5

図 14.2　電気陰性度

(2.5), 塩素 (3.0) という電気陰性度のちがいにより, Cl 原子の方に向けて電子が偏る. この様子を A や B のように表現する. このように置換基が σ 結合を通じて電子を求引したり, 供与したりすることを**誘起効果**とよぶ. この効果は炭素骨格の σ 結合を経たものであるが, 置換基からの距離とともに急速に減衰する特徴がある. 例えば, C に示すように炭素骨格の端末に塩素原子が置換しているとしよう. C–Cl 結合の結合電子が塩素の方に求引されると C_1 の電子密度が低くなる. そこで今度は C_1–C_2 間の σ 結合の電子対も少し C_1 の方に求引されるが, C_2 における電子密度の低下の程度は塩素原子が直接 C_1 に及ぼす効果と比べれば小さい. 1つの目安として, 結合を1つ経るごとに約 1/3 になるといわれ, C_3 から先はほとんど影響がなくなってしまう.

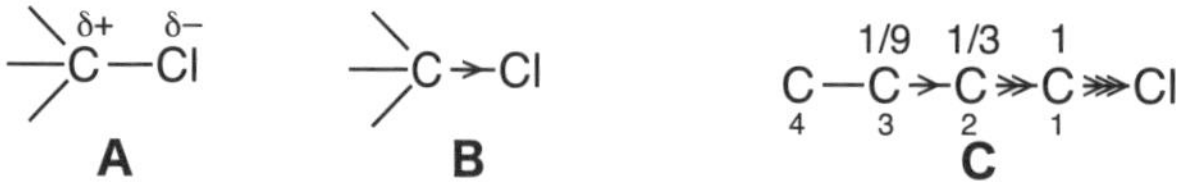

図 14.3　σ 結合の分極（誘起効果）

π結合にも分極がある．例えば，カルボニル基では炭素 (2.5)，酸素 (3.5) という電気陰性度のちがいにより，**D** のように，σ電子もπ電子も酸素原子の側に偏っている．しかし，カルボニル基の反応性を特徴づけるのは，σ電子と比べて動きやすいπ電子のふるまいなので，これではその様子がうまく表現できていない．そこで用いられるのが **E** のような曲がった矢印である．こうして 2 電子を動かすと，π電子対が酸素原子に移動した構造 **F** が出てくる．これを**共鳴構造**あるいは**極限構造**という．これらは便宜的なものであり，実際の構造が **E** と **F** との中間にあることを示している．注意したいことは，それらの構造の間を実際に往復している訳ではないことであり，それらの重ね合わせであると考えてほしい．これを**共鳴混成体**という．

このπ電子を通じた分極を**共鳴効果**という．1 つの結合をはさんで，C=C 結合が隣り合う構造をπ共役系というが，面白いことに，上述の共鳴効果は **G** に示すようにπ共役系を通じて遠くまで伝わるという特徴がある．これはπ電子の動きやすさを反映したものであり，先のσ結合を通じた誘起効果とは対照的である．このような効果はπ共役系高分子化合物の導電性の基礎となっている．

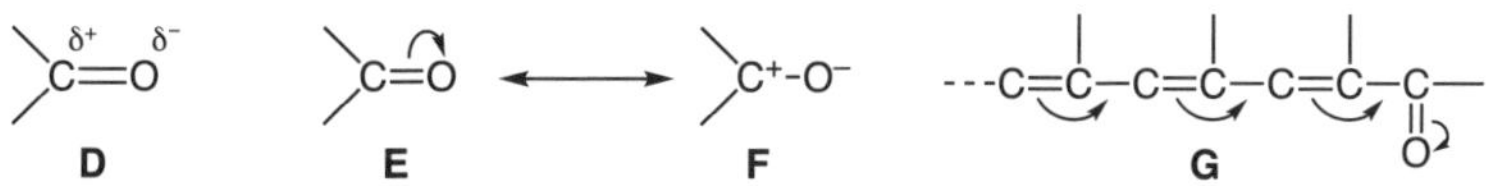

図 14.4　π結合の分極（共鳴効果）

ここまで結合の結合分極を"曲がった矢印"で表現することを学んだ．この矢印は分極がさらに進んで，結合の切断や生成が起きる時にも用いることができ，有機化学反応の機構を考える上で重要である．

式 (1) はアルコールのイオン的な結合切断である．矢印は O–H 結合

の中央から出発し，酸素原子に向かう．こうして出発物質の結合電子対が生成物の非共有電子対となる様子が表現される．ここで考えているのは価電子なのでルイス構造式を正しく描くのがよいが，慣れたら式 (1′)のように非共有電子対を省略してもよい．

$$\text{CH}_3\ddot{\text{O}}\text{-H} \xrightarrow{\text{イオン的結合切断}} \text{CH}_3\ddot{\text{O}}:^- + \text{H}^+ \quad (1)$$

$$\text{CH}_3\text{O-H} \longrightarrow \text{CH}_3\text{O}^- + \text{H}^+ \quad (1')$$

一方，式 (2) はピリジンがプロトン化され，新たに N–H 結合ができる様子を示している．ここでは，出発物質の非共有電子対が生成物における結合電子対となる様子が示されている．

$$\underset{}{\text{Py}}\text{N}:\curvearrowright\text{H}^+ \longrightarrow \underset{}{\text{Py}}\text{N}^+\text{-H} \quad (2)$$

14.4 官能基ってなに？

多くの有機化合物は，炭化水素を基本骨格とし，その一部の水素原子が他の原子や原子団に置き換わったものとみなすことができる．こうした置換基は，それを含む有機化合物の性質を特徴づけることが多く，**官能基**とよばれる（表 14.1）．

図 14.5 には，これらの官能基を含む化合物の例を示した．以下にそれらの特徴的な性質について述べる．例えば，アルコール分子の官能基はヒドロキシ基 (–OH) であり，一般式は ROH である（図 14.5 A）．代表例であるメタノールやエタノールは，それぞれ水分子の 1 つの水素がメチル基，エチル基で置換された誘導体と見なすことができる．ヒドロキシ基の親水性を反映して，これら低分子量のアルコールは水とよく混じ

表 14.1 主な官能基

官能基		一般式	化合物
$-OH$	ヒドロキシ基	$R-OH$	アルコール
$-OR$	アルコキシ基	$R-OR$	エーテル
$-X$	ハロゲノ基	$R-X$	ハロゲン化物
$-NH_2$	アミノ基	$R-NH_2$	アミン
$-\overset{O}{\underset{\|}{C}}H$	ホルミル基	$R-CHO$	アルデヒド
$-\overset{O}{\underset{\|}{C}}-$	カルボニル基	R_2CO	ケトン
$-\overset{O}{\underset{\|}{C}}OH$	カルボキシ基	$R-COOH$	カルボン酸
$-\overset{O}{\underset{\|}{C}}OR$	アルコキシカルボニル基	$R-COOR$	エステル
$-\overset{O}{\underset{\|}{C}}NR'_2$	カルバモイル基	$R-CONR'_2$	アミド
$-C\equiv N$	シアノ基	$R-CN$	ニトリル
$-N^+\!\!\begin{smallmatrix}O^-\\O\end{smallmatrix}$	ニトロ基	$R-NO_2$	ニトロ化合物

り合う．一方，アルキル基部分が長くなり疎水性が増すと，両親媒的になる．酸素の電気陰性度により分極が大きく，特に O–H 結合の極性により分子間水素結合を作るため，アルコール類は同族のアルカンと比べ高沸点である．ヒドロキシ水素は活性水素であり，十分に強い塩基を作用させれば，アルコールは対応するアルコキシド (RO^-) となる．なお，ヒドロキシ基が直接芳香環に結合しているフェノールは，アルコールとは異なる性質を示す．

エーテル類は，水の2つの水素が有機基に置換された形の化合物と見なすことができ（図14.5B），対応するアルコールと比べて水素結合がない分だけ沸点が低い．代表例であるジエチルエーテルやテトラヒドロフラン（環状エーテル）は溶媒として用いられる．

ハロゲン化アルキルは，炭素にハロゲン原子が結合した化合物である（図14.5C）．官能基を一般的に $-X$ と表し，$-F$，$-Cl$，$-Br$，$-I$ のいずれかを示している．簡単な化合物の例としては，塩化メチル，塩化メチレン，クロロホルムなどがある．

アミンは窒素を含む化合物である（図14.5D）．アンモニアの類縁体と見なすことができ，その水素原子をアルキル基，アリール基で1つ，2つ，3つ置換した形である．代表例はメチルアミン，エチルアミンなどである．窒素の電気陰性度が大きいため，$C-N$ 結合や $N-H$ 結合は分極しており，分子間水素結合が生じることにより類似のアルカン類と比べ，沸点や融点が高い．アミン類の非共有電子対は塩基性，求核性を示す．

アルデヒドは，ホルミル基（$-CHO$）を有する化合物であり（図14.5E），最も簡単なものはホルムアルデヒドである．それ以外のアルデヒドはアルキル基もしくはアリール基をもち，それぞれアセトアルデヒドやベンズアルデヒドが代表例である．グルコースなども潜在的なアルデヒドを持っている．

ケトンは，カルボニル基の2つの置換基が両方とも水素以外の化合物であり，その簡単な例はアセトンである（図14.5F）．テストステロン，プロゲステロンなど，多くのステロイドホルモンはケトンを含んでいる．

カルボン酸の一般式は RCO_2H であり，アシル基がヒドロキシ基と結合した構造を持っている（図14.5G）．単純な化合物の例としてギ酸や酢酸がある．これらは，水中で解離してカルボン酸アニオン（RCO_2^-）を生成するので，酸性を示す．例えば酢酸の pK_a は4.8であるが，その

酸性度は塩酸や硫酸のような鉱酸と比べるとはるかに弱い．しかし，アルコールと比べると強い酸である．例えば，エタノールの酸性度は16である．

エステルは，アシル基がアルコキシ基に結合した形をしており（図14.5H），カルボン酸とアルコールの脱水反応により生成する．簡単なエステル化合物の中には，よい香りのものがある．例えば，酢酸ペンチルはバナナの香りがする．また，エステル結合はある種の高分子化合物を構成する結合であり，また，脂質化合物はグリセリンと高級脂肪酸のエステルである．

アミド類は，アシル基と窒素原子が結合した構造を有する化合物である（図14.5I）．簡単なアミドとしてホルムアミド，アセトアミドなどがある．アミド類はもとのアミンと比べて塩基性が著しく弱い．窒素原子上の孤立電子対がカルボニル基に共役しているためである．例えば，強酸と反応させると，カルボニル酸素の方が先にプロトン化される．

アミド結合は，アミノ酸の縮合で得られるペプチドやタンパク質の骨格を構成する結合である．また，15章で学ぶようにナイロンやアラミド繊維など高分子化合物の構成結合でもある．

ニトリル類は，炭素と窒素の間に三重結合が存在する有機化合物である（図14.5J）．官能基はシアノ基であり，シアノ化合物ともよばれる．ニトリルの加水分解によってアミドやカルボン酸が得られる．酢酸および安息香酸に対応するニトリルは，それぞれアセトニトリル，ベンゾニトリルである．

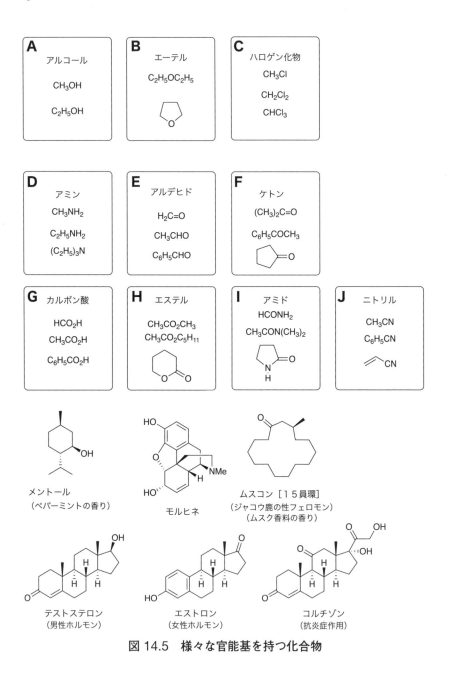

図 14.5 様々な官能基を持つ化合物

14.5 酸化と還元

官能基どうしを変換する反応の中には，酸化や還元を伴うものがある．第 13 章では**酸化数**の考え方を説明した．ここではより一般的に**有機化合物の酸化度**に注目する（表 14.2）．

表 14.2 有機化合物中の炭素の酸化数（酸化度）

結合している元素	炭素の酸化数（酸化度）への寄与
H, 金属	-1
C	0
N, O, P, S, ハロゲン	$+1$

（二重結合で結合している場合は寄与は 2 倍）

ここでは例として，エタノール，アセトアルデヒド，酢酸について，太字で示した炭素原子の酸化数を求めてみよう．酸化数は左から順に 2 ずつ大きくなる．

$$\text{CH}_3-\underset{\text{H}}{\overset{\text{H}}{\text{C}}}-\text{OH} \qquad \text{CH}_3-\underset{\text{O}}{\overset{}{\text{C}}}-\text{H} \qquad \text{CH}_3-\underset{\text{O}}{\overset{}{\text{C}}}-\text{OH}$$

エタノール　　　アセトアルデヒド　　　酢酸

```
   C:  0              C:  0           C:  0
   O: +1             =O: +2          =O: +2
   H: -1           +  H: -1          +  O: +1
+  H: -1           ─────────         ─────────
──────────             +1                +3
   -1
```

表 14.3 には，いくつかの関連化合物における酸化数と官能基の関係を示した．

以下に系列 a を抜き書きした．最も酸化度の低いメタン (-4) に始ま

表 14.3　酸化数から見た官能基の相関関係

酸化度→		−4	−3	−2	−1	0	+1	+2	+3	+4
系列↓	a	CH_4		CH_3OH		$H_2C=O$		HCO_2H		$O=C=O$
	b		RCH_3		RCH_2OH		$RCH=O$		RCO_2H	
	c		RCH_3		RCH_2NH_2		$RCH=NH$		$RC\equiv N$	
	d		RCH_3		RCH_2Cl		$RCHCl_2$		$RCCl_3$	
	e			RCH_2R'		$RR'CHOH$		$RR'C=O$		
	f			RCH_2C-CH_2R'	$RHC=CHR'$	$RC\equiv CR'$				

り，最も酸化度の高い二酸化炭素 (+4) に至る分子が見られる．

$$
\begin{array}{ccccc}
-4 & -2 & 0 & +2 & +4 \\
CH_4 & CH_3OH & \underset{H}{\overset{H}{>}}C=O & \underset{HO}{\overset{H}{>}}C=O & O=C=O
\end{array}
$$

系列 b には，先述のアルコール，アルデヒド，カルボン酸の関係を示した．また，系列 c, d には，系列 b の酸素原子が窒素および塩素で置き換わった化合物を示した．

$$
\begin{array}{ccccc}
 & -3 & -1 & +1 & +3 \\
 & & RCH_2OH \longrightarrow & RCH=O \longrightarrow & RCO_2H \\
 & & \updownarrow & \updownarrow & \updownarrow \\
RCH_3 & \longrightarrow & RCH_2NH_2 \longrightarrow & RCH=NH \longrightarrow & RC\equiv N \\
 & & \updownarrow & \updownarrow & \updownarrow \\
 & & RCH_2Cl \longrightarrow & RCHCl_2 \longrightarrow & RCCl_3
\end{array}
$$

例えば，ニトリル ($RC\equiv N$) や 1,1,1-トリクロロアルカン ($RCCl_3$) がカルボン酸と同じ酸化度であることが分かる．実際，以下に示したように，これらの化合物を加水分解するとカルボン酸が得られる．

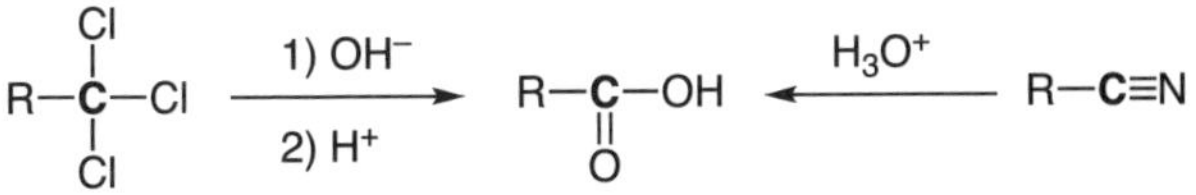

$$\text{R}-\underset{\underset{\text{Cl}}{|}}{\overset{\overset{\text{Cl}}{|}}{\text{C}}}-\text{Cl} \xrightarrow[\text{2) H}^+]{\text{1) OH}^-} \text{R}-\underset{\underset{\text{O}}{\|}}{\text{C}}-\text{OH} \xleftarrow{\text{H}_3\text{O}^+} \text{R}-\text{C}\equiv\text{N}$$

系列 e は，アルカンのメチレン基が酸化され，アルコール，さらにケトンとなる変化である．これを逆にたどると，後述のケトンの還元反応やアルコールのデオキシ化反応との関係も分かる．

$$\underset{\text{RCH}_2\text{R}'}{-2} \qquad \underset{\text{RR'CHOH}}{0} \qquad \underset{\text{RR'C=O}}{+2}$$

系列 f については逆に右からたどろう．すなわち，アルキン ($RC\equiv CR'$, 0) に始まり，H_2 を1分子，2分子と付加したアルケン ($RHC=CHR'$, -1)，アルカン (RH_2C-CH_2R', -2) と，<u>1つずつ</u>酸化数が減っている．おや？と思うかもしれないが，実は両炭素で1ずつ酸化数が変わり，全体で酸化数が2つ変化するのである．

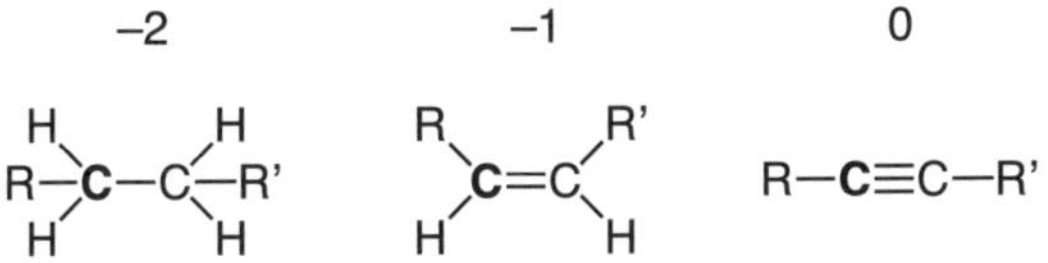

最後に，混乱しやすい例をあげる（図 14.6）．アルケン A を希硫酸と反応させると，第2級アルコール B が得られる．これを水和反応という．分子に酸素が付け加わったので，酸化反応？と思いがちであるが，以下のように全体としては酸化数に変化がないことに注意してほしい．

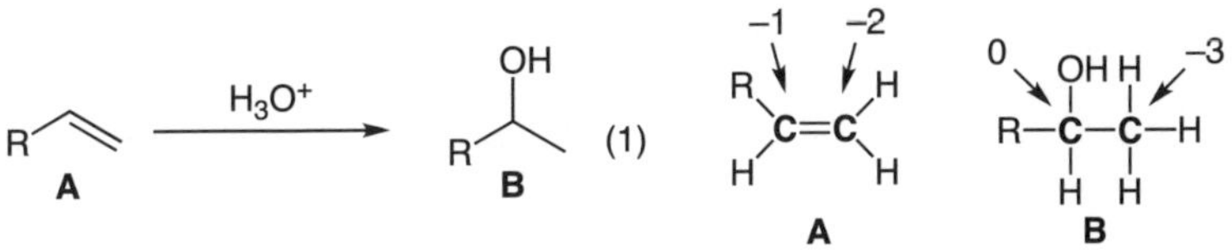

図 14.6 水和反応

14.6 酸化反応

a) アルコールやアルデヒドの酸化 クロム酸はかつてアルコールの酸化によく用いられたが，6価クロムの毒性を避け，今では他の酸化剤にとって代わられている．しかし，ここでは酸化の考え方を理解する題材として取り上げよう．

2段階の反応である．まず，最初にクロム酸とアルコールからクロム酸エステル A が生成する．ここから Cr(VI) が2電子を受けとりながら反応し，ケトンが生じる．Cr の酸化数が2つ低下したことに注意してほしい．Cr^{4+} は不均化して最安定な3価に落ち着くので，CrO_3 は1モルあたりアルコール 1.5 モルを酸化することができる．ちなみに，B のようにヒドリドの移動による機構も提唱されている．

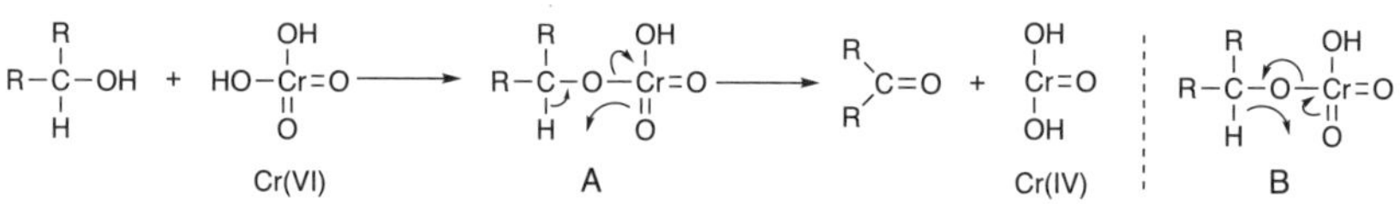

図 14.7 第2級アルコールの酸化

第1級アルコールを同様に酸化すると，アルデヒドを経由してカルボン酸まで酸化される．もちろんアルデヒドから出発することもできるが，水の存在が必須である．なぜなら，水中で平衡的に生じる水和物 C が上述と同様な酸化を受けるためである．逆に，第1級アルコールの酸化をアルデヒドで止めたい時には無水条件が必要である．

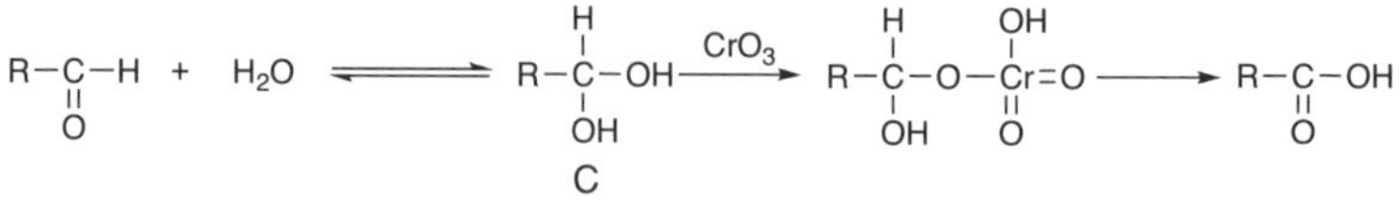

図 14.8 アルデヒドの酸化

b) C=C 結合の酸化 アルケンに対して酸化剤を作用させると，様々な有用化合物を得ることができる（図 14.9）．メタクロロ過安息香酸（mCPBA）などの過酸を用いると，対応するエポキシドを得ることができる．また，過マンガン酸塩や四酸化オスミウムを用いた反応では，1,2-ジオールが得られる．さらに，1,2-ジオールは過ヨウ素酸ナトリウムを用いると，酸化的に切断することもできる．これらの酸化剤を組み合わせることにより，例えば環状アルケンの C=C 結合を切断し，ジカルボニル化合物を得ることができる．なお，この切断にはオゾンも利用できる．

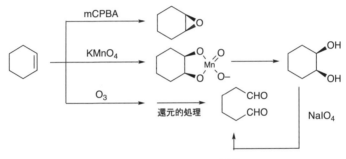

図 14.9 アルケンの酸化

14.7 還元反応

還元反応は，反応基質の酸化数が減少する反応である．表 14.1 をもとに考えれば，酸化数への寄与が -1 の H や金属を付加するか，酸化数への寄与が $+1$ であるヘテロ原子（N，O，P，S，ハロゲン）を水素で置き換えることに対応する．

a) C=C 結合の水素化反応 C=C 結合へ H_2 分子を付加する反応は発熱過程であるが，そのままでは進行しない．一方，遷移金属触媒 (Pt, Pd,

Ni) を触媒として用いると，これが円滑に進むようになり（図 14.10），これを水素化反応という．水素分子が触媒表面に吸着されて起こり，二重結合に対し 2 つの水素原子がシスの関係で付加する．三重結合の部分還元を行うには，リンドラー触媒など，活性を抑えた触媒を用いるとよく，Z 体のアルケンが選択的に得られる．

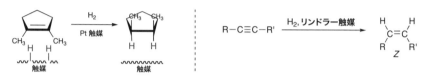

図 14.10 不飽和結合の水素化反応

b) カルボニル基のヒドリド還元 カルボニル基のように分極した二重結合の還元には金属水素化物が用いられる．H. C. Brown (1912–2004, 1979 年ノーベル化学賞) は多様な金属水素化物を開発し，有機合成に利用できるようにした．代表的なヒドリド還元剤である $NaBH_4$, $LiAlH_4$ は，配位不飽和なホウ素，アルミニウムの水素化物 (BH_3, AlH_3) に H^- が配位した形（アート錯体）の化合物である．

図 14.11 にヒドリド還元の反応機構を示した．すなわち，ヒドリド H^- が C=O 結合に求核付加し，反応停止時にプロトン化される．エステルの求電子性は，A の共鳴構造式から分かるように，ケトンやアルデヒドと比べて低いため，反応性の穏やかな $NaBH_4$ では還元されない．一方，$LiAlH_4$ を用いると，2 モル分の H^- が攻撃し，第 1 級アルコールが得られる．

第 14 章　分子をつくる 1：官能基に注目しよう

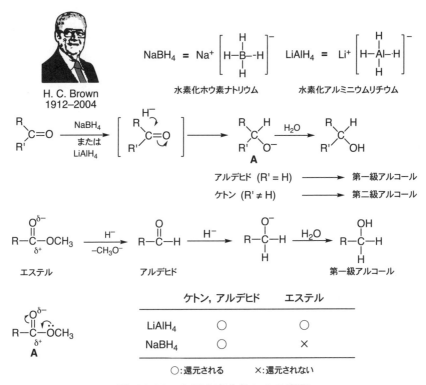

図 14.11　金属水素化物による還元

15 | 分子をつくる2：基本骨格を構築する

鈴木啓介

《目標＆ポイント》 本章では，有機化学反応を反応様式ごとに学び，また，それらの反応によってどのような分子変換が起きるかを把握する．
《キーワード》 置換反応，付加反応，脱離反応，エステル，アミド，C–C結合生成反応

15.1 有機化学反応の分類

有機反応は，4つの型に大別される．この節では，この反応形式別にいくつかの有機化学反応を紹介し，その反応機構，および，それによる分子変換を説明する．なお，反応機構的に複数の素反応が組み合わさった分子変換もある．

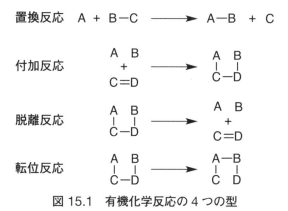

図 15.1 有機化学反応の4つの型

15.2 脂肪族求核置換反応（置換反応の例）

置換反応とは，式 (1) のように化合物中の原子や原子団が別の原子や原子団と置き換わる型式の反応である．ここでは実例として，脂肪族ハロゲン化物の求核置換反応を取り上げる．この反応はどのような分子変換に使えるだろうか？

$$A + B-C \longrightarrow A-B + C \quad (1)$$

まずは臭化メチルと OH^- との反応 [式 (2)] であるが，生成物はメタノールと Br^- である．この例では，求核剤はアニオンであるが，それが必須というわけではなく，式 (3) の臭化 t-ブチルの反応における H_2O のように電気的に中性な求核剤の反応もある．これらはいずれもハロゲン化アルキルの求核置換反応であるが，実は反応機構が異なり，それぞれ S_N2 反応，S_N1 反応とよばれる．以下，特徴を説明しよう．

$$OH^- + H-\underset{H}{\overset{H}{C}}-Br \longrightarrow H-\underset{H}{\overset{H}{C}}-OH + Br^- \quad (2)$$

$$H_2O + CH_3-\underset{CH_3}{\overset{CH_3}{C}}-Br \longrightarrow CH_3-\underset{CH_3}{\overset{CH_3}{C}}-OH + HBr \quad (3)$$

a) S_N2 反応

式 (2) は，S_N2 反応とよばれる反応の典型例である．その呼称の由来は，Substitution（置換），Nucleophilic（求核的）の頭文字，そして反応速度が出発物質 CH_3Br および OH^- の濃度にそれぞれ 1 次で依存し，全体として 2 次反応であることにある．図 15.2 は，その反応機構を電

子の矢印で示したものである．すなわち，中心炭素に求核剤が接近するにつれ，脱離基は結合電子対をもって離れ始める．反応途中では，中央の炭素原子にBr基とOH基とがゆるく結合した状態があり，これが遷移状態（エネルギー極大点）である．この反応の特徴として，図のようC–Br結合の背後からOH⁻が攻撃して反応が進むので，光学活性な反応基質を用いると立体化学の反転した生成物が得られる．

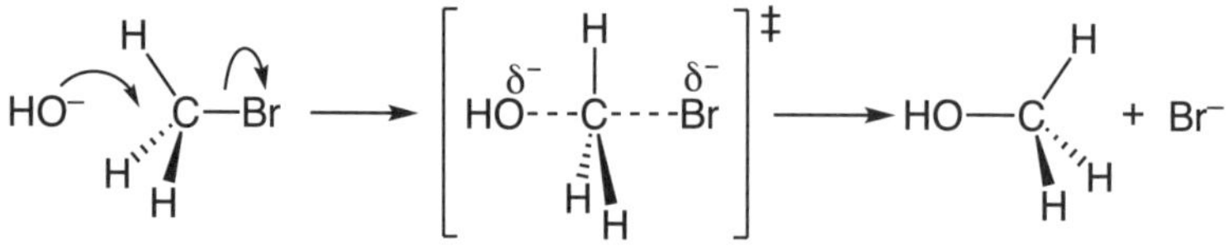

図15.2　S_N2反応

このような反応は，出発物の立体障害が大きい場合，起きにくくなる．例えば，臭化メチルの水素をメチル基で置換していき，アルキル基が第1級，第2級となると反応性が低下し，第3級アルキルの場合には事実上起こらない．

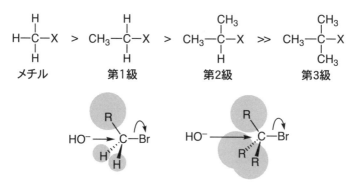

図15.3　S_N2反応の起こりやすさ

b) S_N1 反応 (脱離-付加機構)

これに対し先述の臭化 t-ブチルの加水分解 [式 (3)] は，図 15.4 のような脱離-付加型の 2 段階機構で進行する．これを S_N1 反応とよぶ．すなわち，最初に Br^- が脱離してカルボカチオン中間体が生成し，これに求核剤 H_2O が攻撃して t-ブチルアルコールが生成する．この反応機構は生成物の立体化学にも影響を与え，たとえ光学活性な反応基質から出発しても生成物はほとんどラセミ体となる．これはカルボカチオンが平面構造なので，どちらの面からも H_2O が攻撃できるためである．

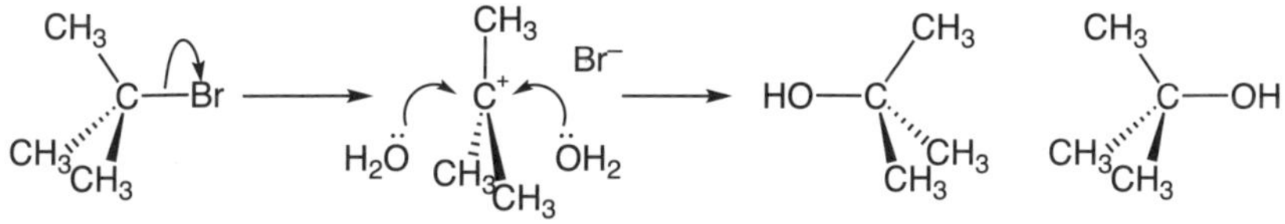

図 15.4 S_N1 反応

このような脂肪族求核置換反応は，どのような分子変換に利用できるだろうか．例として，ハロゲン化物やアルコールから出発して，第 1 級アミンを合成する方法を示した (図 15.5)．すなわち，脂肪族ハロゲン化物をアンモニアと反応させると第 1 級アミンが得られる．また，アルコールを PBr_3 との反応で臭化物へ変換すれば，同様にアミンへと変換することも可能である．

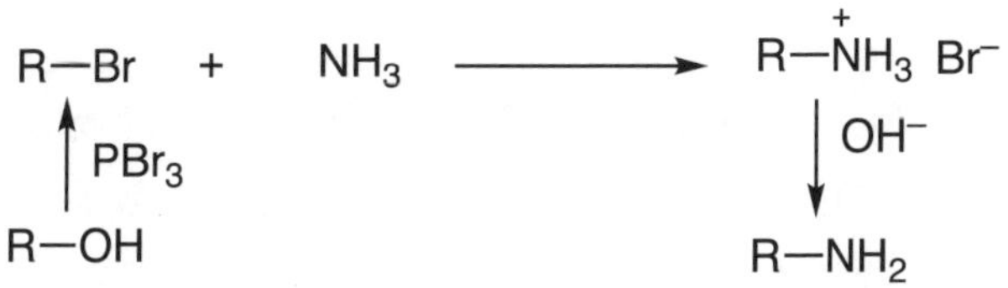

図 15.5 S_N2 反応によるアミンの合成

15.3 付加反応

付加反応とは，式(4)のように多重結合に別の原子や原子団が付加する形式の反応である．ここでは，例としてカルボニル化合物に対する求核付加反応，およびアルケン類に対する求電子付加反応を取り上げる．

$$\begin{array}{c} A\ B \\ + \\ C{=}D \end{array} \longrightarrow \begin{array}{c} A\ B \\ |\ | \\ C{-}D \end{array} \qquad (4)$$

15.3.1 カルボニル化合物に対する求核付加反応

カルボニル基はAのように分極しているので，炭素の側で求核剤の付加を受ける（図15.6）．また，Bのように酸素原子の共有電子対にプロトンが配位すると，炭素原子の求電子性はさらに高まり，求核攻撃を一層受けやすくなる．以下，この反応性に基づくカルボニル化合物のいくつかの反応例を示そう．

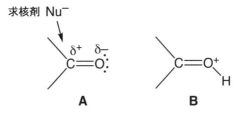

図15.6 カルボニル基に対する求核付加反応

a) 水の付加 ケトンやアルデヒドは水の付加を受け，平衡的に水和物を形成する（図15.7）．この平衡化は，酸や塩基によって触媒される．これは，酸性条件ではプロトン化によってカルボニル基の求電子性が増大し，求核攻撃が促されるのに対し，塩基性条件では求核性の高い水酸化物イ

オンが生成し，これがカルボニル基を攻撃するためである．また，それぞれ逆反応についても酸，塩基によって反応速度が上がるが，理由を考えてみてほしい．

なお，平衡位置は，一部の特殊な化合物を除き，一般にカルボニル化合物の側に偏っている．一方，ホルムアルデヒドのように例外的に安定な水和物が形成される例もあり，また，催眠剤の抱水クロラールや，アミノ酸の検出に使われるニンヒドリンもある．

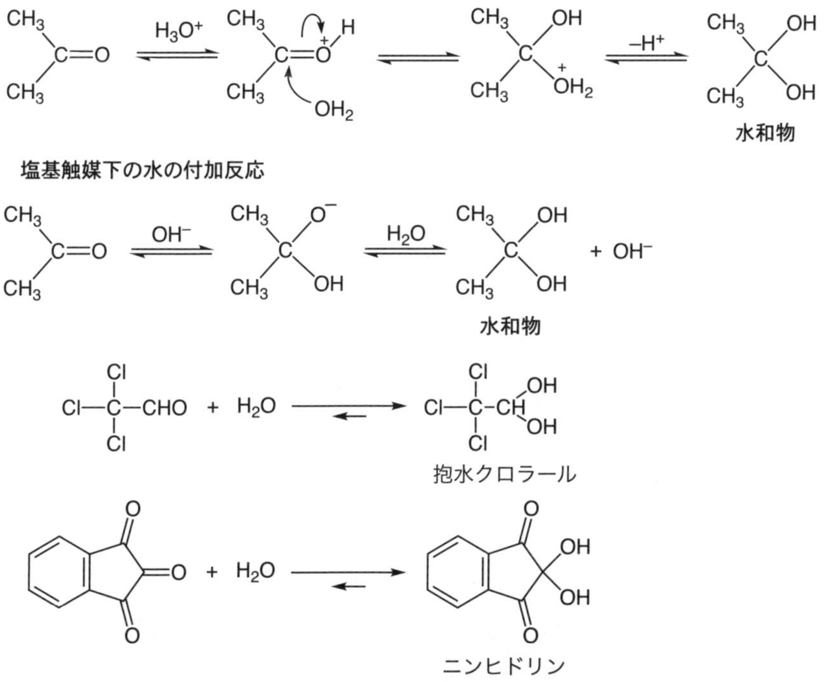

図15.7 水の付加

b) シアノヒドリンの生成 カルボニル基にシアン化水素（HCN）が付加した化合物は，シアノヒドリンとよばれる（図 15.8）．HCN は有毒な気体（常温）であるため，実際の反応では NaCN に酸を加えて系内で発生させる．まず，求核性の高い CN^- がカルボニル基に求核攻撃して生じたアルコキシドがプロトン化されると，シアノヒドリンが生成する．

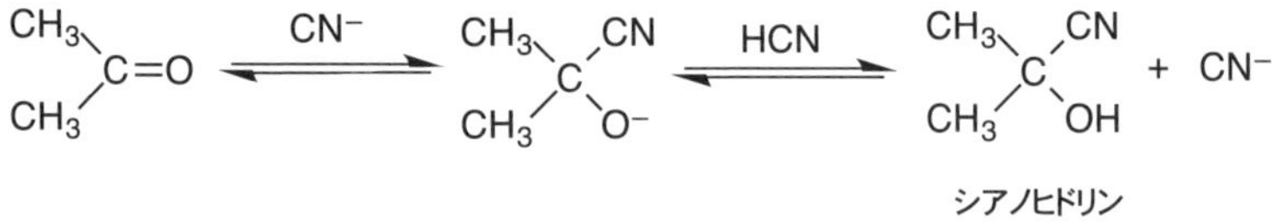

$$\underset{CH_3}{\overset{CH_3}{>}}C=O \xrightarrow{CN^-} \underset{CH_3}{\overset{CH_3}{>}}\underset{O^-}{\overset{CN}{C}} \xrightarrow{HCN} \underset{CH_3}{\overset{CH_3}{>}}\underset{OH}{\overset{CN}{C}} + CN^-$$

シアノヒドリン

図 15.8 シアノヒドリンの生成

このカルボニル基に対する求核付加反応は，有機合成において重要である．特に，炭素骨格の形成に向けた C–C 結合の生成については後述する．

15.3.2 アルケンに対する求電子付加反応

アルケン類の C=C 結合は σ 結合と π 結合からなるが，それらの結合に収容された電子のうち，π 電子は σ 電子と比べて原子核による束縛が小さいため動きやすく，反応に関与しやすい．アルケン類の重要な反応性として求電子付加反応がある．すなわち，アルケンの π 電子が求電子種を攻撃する反応である．以下，いくつかの例を見てみよう．

a) 塩化水素の付加 アルケンに対して塩化水素（HCl）を反応させると，π 電子がプロトンを攻撃し，生成したカルボカチオン中間体を Cl^- が攻撃して，付加物が生成する．

図 15.10 の例では，C=C 結合に対するプロトン化が，より安定な第三級カルボカチオン A を生成するように起こり，これを塩化物イオンが攻

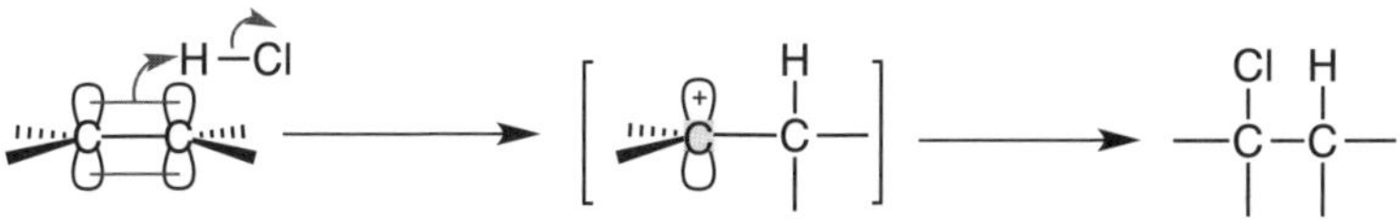

図 15.9　アルケンに対する塩化水素の求電子的付加反応

撃して塩化 t-ブチルが生成する．一方，他の側に反応したとすると，不安定な第 1 級カルボカチオン B となるため，不利である．このように配向性は，カルボカチオン中間体の相対的な安定性で決まる．結果として，水素付加は二重結合炭素のうち水素をより多く持っている炭素上で起こるが，これは**マルコフニコフ則**として知られる経験則と対応する．

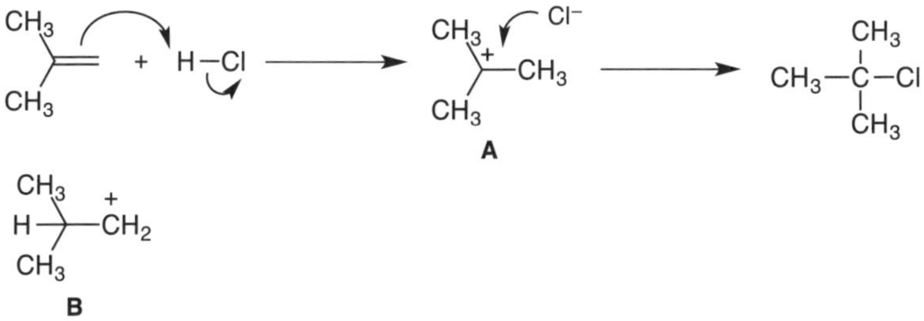

図 15.10　マルコフニコフ則

b) 水和反応　希硫酸を用いて同様な反応を行うと，水がアルケンに付加し，アルコールが得られる．これを水和反応という．この過程はアルコールの酸触媒による脱水反応の逆反応である．

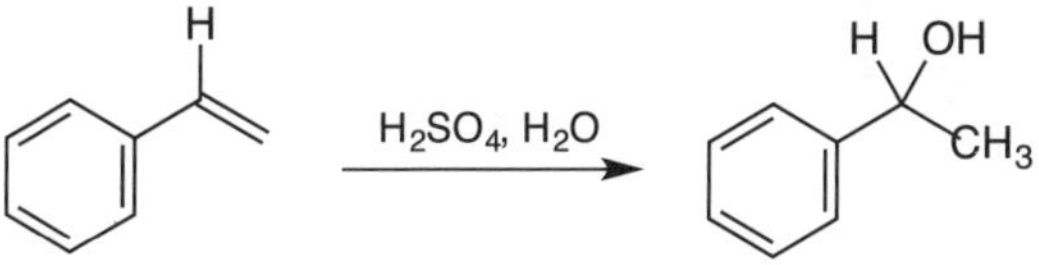

図 15.11　水和反応

c) ハロゲンの付加　アルケンに臭素（紫色）や塩素（黄色）を加えると，速やかに退色し，1,2-ジハロゲン化物が生成する．環状アルケンを用いた反応において明らかなように，2つのハロゲン原子は，分子面に対して互いに逆側から導入される．この反応形式をトランス付加（アンチ付加）とよび，以下のように説明される．すなわち，まず臭素分子にC=C結合のπ電子が近づいてBr^-が追い出され，環状ブロモニウムイオン中間体Aが生成する．続いて，これをBr^-が背面から攻撃し，トランス体が生成する．

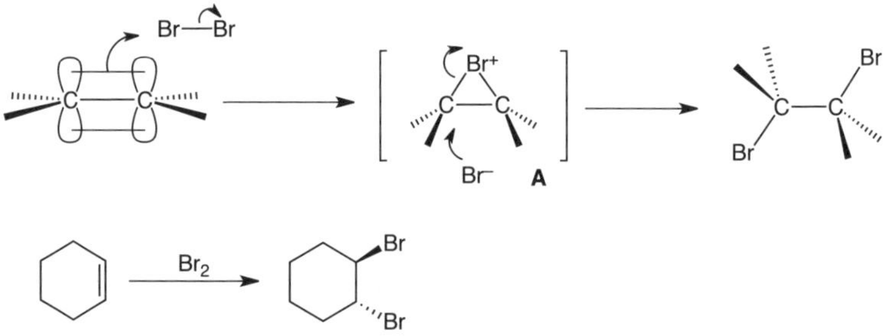

図 15.12　トランス付加

15.4　脂肪族ハロゲン化物の E2 反応（脱離反応の例）

脱離反応は，付加反応の逆の形式の反応であり，原子や原子団が脱離して多重結合が生成する．

$$\begin{array}{c} \text{A B} \\ \text{| |} \\ \text{C—D} \end{array} \longrightarrow \begin{array}{c} \text{A B} \\ + \\ \text{C=D} \end{array} \quad (5)$$

この節では，脂肪族ハロゲン化物のE2脱離反応を紹介する．例えば，臭化 t-ブチルにナトリウムメトキシド（$CH_3O^- Na^+$）を作用させても，立

体障害のために S_N2 反応は起こらない．それに代わって CH_3O^- は塩基として働き，臭素原子の置換した炭素のとなりの水素を攻撃し，臭化物イオンが脱離し，イソブテンが生成する．この反応では，C–H 結合の切断，C=C 結合の生成，C–Br 結合の切断が同時に起こる．このとき，C–H 結合と C–Br 結合がアンチの関係で反応が進行するので，これをアンチ脱離という．この反応によりアルケンを得ることができる．

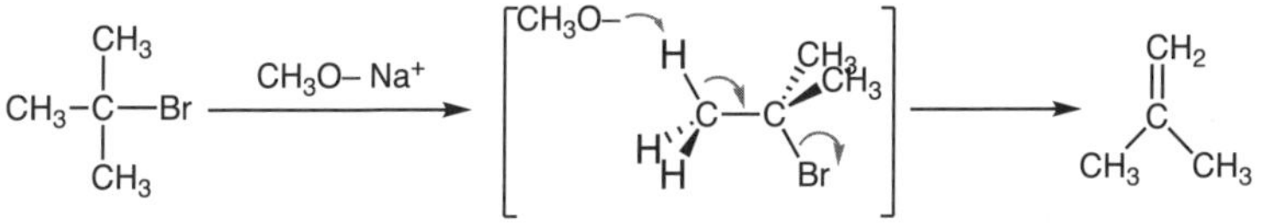

図 15.13　E2 脱離反応

15.5　複数の素反応の組み合わせ

　種々の有機反応の中には，複数の反応形式が組み合わさった機構で進むものがある．ここでは，付加-脱離型の置換反応を 2 例紹介する．

15.5.1　芳香族化合物の求電子置換反応

　芳香族求電子置換反応は，ベンゼンをはじめとする芳香族化合物に特徴的であり，機構的には付加-脱離の 2 段階を経由する．ベンゼンの π 電子系は共鳴安定化しているため，求電子種 (E^+) との反応性は単純アルケンの π 電子と比べて低い．しかし，反応性の高い求電子種 (E^+) であれば反応し，カチオン中間体 A が生成する．これをウィーランド中間体というが，3 つの共鳴構造式が描けることからも分るように，比較的安定化されている．ここまではアルケンの求電子付加反応と似ているが，相違点は A の場合には，芳香族の共鳴安定化を取り戻そうとして，ここか

らプロトンが脱離することである．反応全体では，ベンゼンの1つの水素がE^+と置換された形の変換反応となるので，これを芳香族求電子置換反応とよぶ．

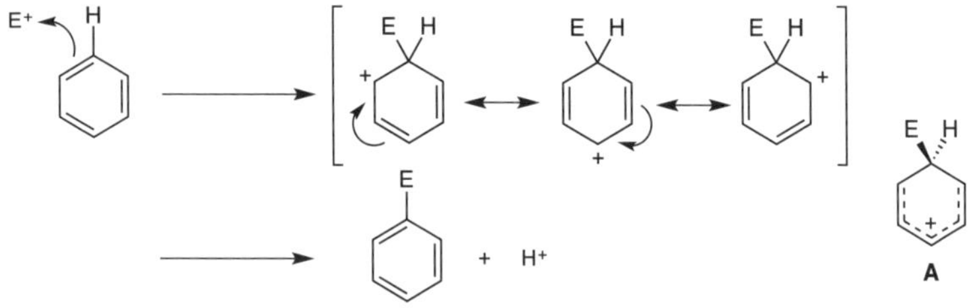

図 15.14　芳香族求電子置換反応

a) いくつかの反応例

以下，ベンゼンといくつかの求電子種との反応を述べる．

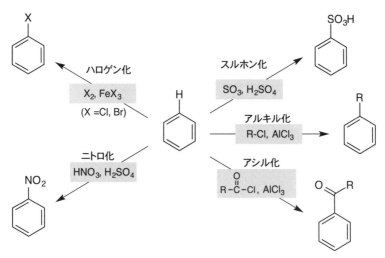

図 15.15　芳香族求電子置換反応の例

ハロゲン化 ハロゲン化鉄(III)(FeX_3)を触媒として用い,ベンゼンを塩素や臭素と反応させると,ベンゼン環の水素がハロゲンで置換された生成物が得られる.触媒の FeX_3 はルイス酸として働き,ハロゲン分子を分極させ,求電子反応を促す役割をする.

ニトロ化 ベンゼンのニトロ化反応では,濃硝酸と濃硫酸とを混合して発生するニトロニウムイオン (NO_2^+) が求電子種である.

スルホン化 発煙硫酸の中で,三酸化硫黄を求電子種とする反応である.なお,スルホン化は可逆反応であり,生成物であるスルホン酸を希硫酸中で加熱すると逆反応が起きる.

フリーデル–クラフツ アルキル化反応 ハロゲン化アルキルとルイス酸の組み合わせにより,カルボカチオン種に相当する求電子種を発生させ,ベンゼンとの反応を行う.

フリーデル–クラフツ アシル化反応 カルボン酸塩化物とルイス酸の組み合わせにより発生するアシルカチオン(アシリウムイオン)を求電子種とする反応により,ベンゼンにアシル基を導入することができる.

b) 配向性(位置選択性)の問題

　ベンゼンの求電子置換反応では,6つの水素のどれが置換されても同じ生成物となる.しかし,図 15.16 のような一置換ベンゼンの反応ではどうなるだろうか.反応位置としては,置換基 A のオルト位とメタ位がそれぞれ 2 ヵ所,パラ位が 1 ヵ所なので,仮に各箇所の反応性が等しければ,生成比は統計的に

$$\text{オルト}:\text{メタ}:\text{パラ} = 2:2:1$$

となるだろう.しかし,実際には置換基の種類により,オルト,パラ置

換体が主になる場合,および,メタ置換体が主になる場合,がある.こうした傾向を示す置換基をそれぞれオルト-パラ配向基,メタ配向基とよぶ.ここでは例として,メチル基(オルト-パラ配向基)およびニトロ基

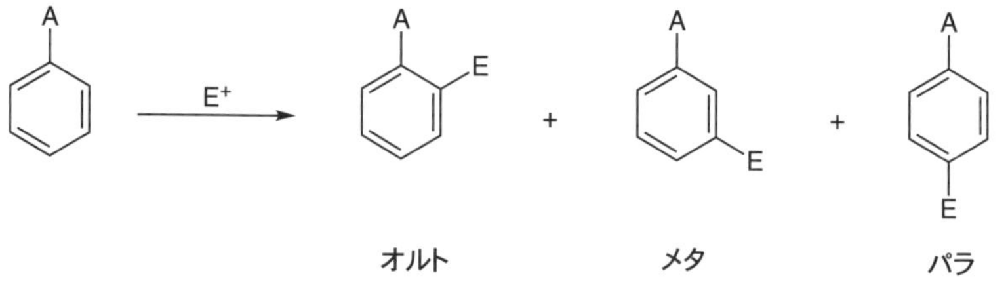

オルト-パラ配向基	メタ配向基
$-NH_2, -NHR, -NR_2$	$-\overset{+}{N}R_3$
$-OH, -OR$	$-NO_2$
$-CH_3, -CH_2R, -CHR_2, -CR_3$	$-CN$
	$-CHO, -COR$
$-F, -Cl, -Br, -I$	$-CO_2H, -CO_2R$

図 15.16 配向性と配向基

(メタ配向基)を取り上げ,理由を考えてみよう.

　まず,メチル基の場合について求電子剤 (E^+) がオルト位,メタ位,パラ位を攻撃した場合の中間体を考え,各共鳴構造式を描いてみる.重要なことはメチル基(電子供与性)の置換した炭素上に正電荷のある共鳴構造があるのは,オルト位またはパラ位での反応の中間体であるということである.この正電荷はメチル基の電子供与により安定化されるので,中間体のエネルギーの低いオルト位またはパラ位での反応が優先すると説明される.

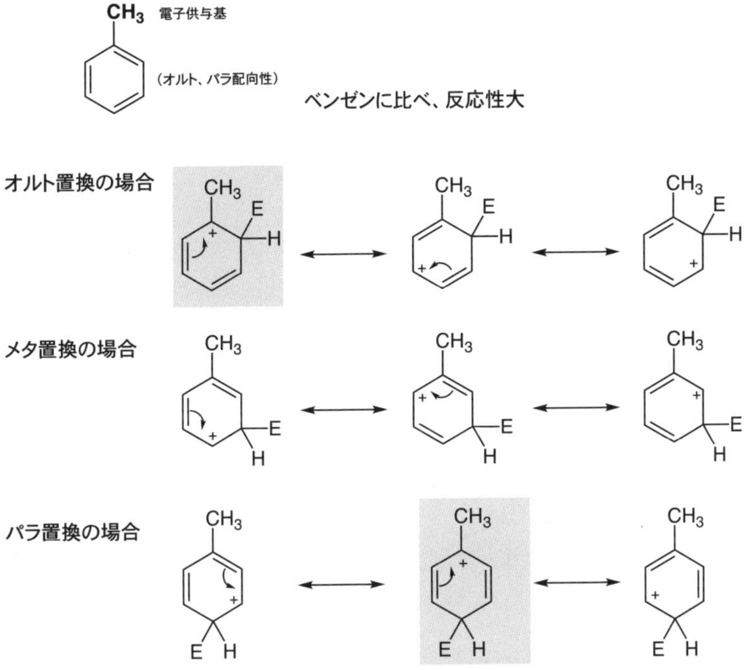

図 15.17　トルエンのオルト，パラ配向性

　一方，ニトロベンゼンではどうだろう．ニトロ基は強力な電子求引性をもつので，ニトロベンゼンでは環のπ電子密度が下がり，求電子種に対する反応性はベンゼンよりも低くなる．ここでもカルボカチオン中間体の共鳴構造を描いてみよう．上の例とは異なり，ニトロ基は電子求引性基なので，その根本の炭素上に正電荷をもつ共鳴構造が不安定化される．したがって，このような不利な共鳴構造の寄与のないメタ位での反応が主となる．

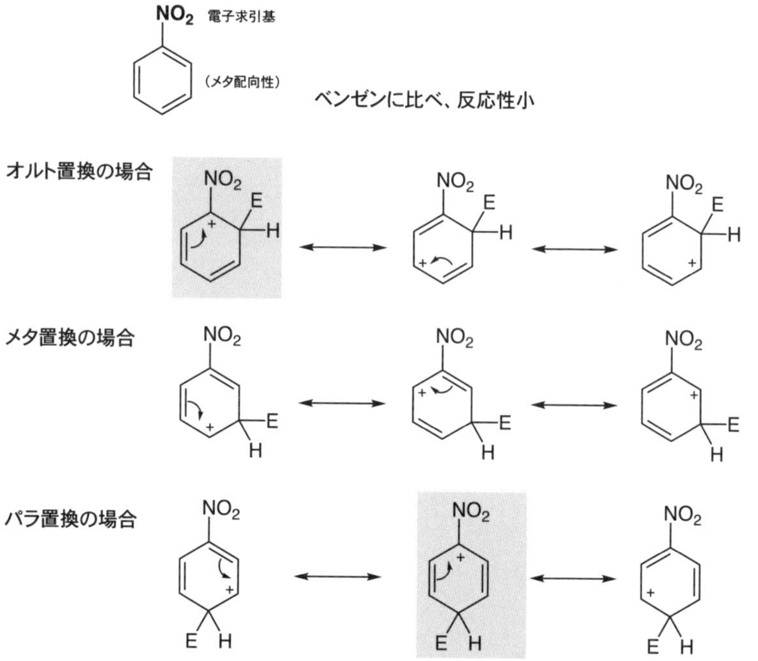

図 15.18 ニトロベンゼンのメタ配向性

15.5.2 カルボン酸誘導体の求核置換反応

a) 様々なカルボン酸誘導体とその基本的な反応性

この節では，カルボン酸誘導体の求核置換反応について説明する．主なカルボン酸誘導体としては，酸塩化物，酸無水物，エステル，およびアミドがある．これらは，それぞれカルボン酸のアシル基 (R–C=O) に対し，置換基 (–Cl, –OCOR, –OR′, –NR$_2$′) が結合した化合物であり，酸や塩基による加水分解でもとのカルボン酸に変換することができる．

このようなカルボン酸誘導体の基本的な反応性は，下の一般式で統一的に理解することができる．すなわち，第一段階はカルボン酸誘導体 A

に対する求核剤 Y⁻ の付加である．こうして四面体中間体 B が生成するが，ここから Y⁻ が脱離する段階が続き，全体として付加-脱離機構による置換反応が起きる．ここで，反応系と生成系を見比べると X と Y が入れ替わっただけなので，逆方向の反応も起こりうる．

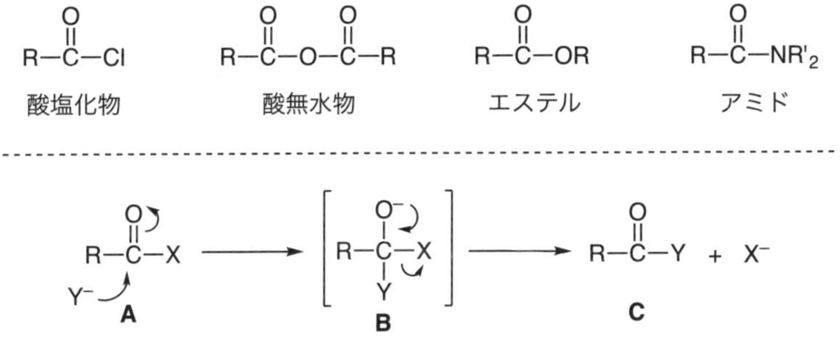

$$\underset{\text{酸塩化物}}{\text{R}-\overset{\overset{\text{O}}{\|}}{\text{C}}-\text{Cl}} \quad \underset{\text{酸無水物}}{\text{R}-\overset{\overset{\text{O}}{\|}}{\text{C}}-\text{O}-\overset{\overset{\text{O}}{\|}}{\text{C}}-\text{R}} \quad \underset{\text{エステル}}{\text{R}-\overset{\overset{\text{O}}{\|}}{\text{C}}-\text{OR}} \quad \underset{\text{アミド}}{\text{R}-\overset{\overset{\text{O}}{\|}}{\text{C}}-\text{NR}'_2}$$

$$\underset{\text{A}}{\underset{\text{Y}^-}{\text{R}-\overset{\overset{\text{O}}{\|}}{\text{C}}-\text{X}}} \longrightarrow \underset{\text{B}}{\left[\text{R}-\overset{\overset{\text{O}^-}{\|}}{\underset{\text{Y}}{\text{C}}}-\text{X}\right]} \longrightarrow \underset{\text{C}}{\text{R}-\overset{\overset{\text{O}}{\|}}{\text{C}}-\text{Y}} + \text{X}^-$$

図 15.19　カルボン酸誘導体と付加-脱離型求核置換反応

　種々のカルボン酸誘導体の反応性を比較するために，上述の右向きの反応に注目して反応の起きやすさを考えてみよう（図 15.20）．鍵を握る 2 つの要素がある．すなわち，(1) 出発物の求電子性と (2) X⁻ の脱離能である．

　まず，出発物 A の求電子反応性は，アシル基についた置換基 X が電子求引的であればあるほど，高くなる．これは，酸塩化物 > 酸無水物 > エステル > アミドの順である．一方，生成した四面体中間体から X⁻ の脱離が起こる際にも，その脱離しやすさを考えるには，その共役酸 (H–X) の酸性度が目安となるので，この視点からも，反応性の順番が，酸塩化物 > 酸無水物 > エステル > アミド，となることが説明される．これがカルボン酸誘導体の相対的な反応性を理解し，それらの相互変換を考える上で指針となる．以下，具体的な合成に用いられる変換反応を二例紹介しよう．

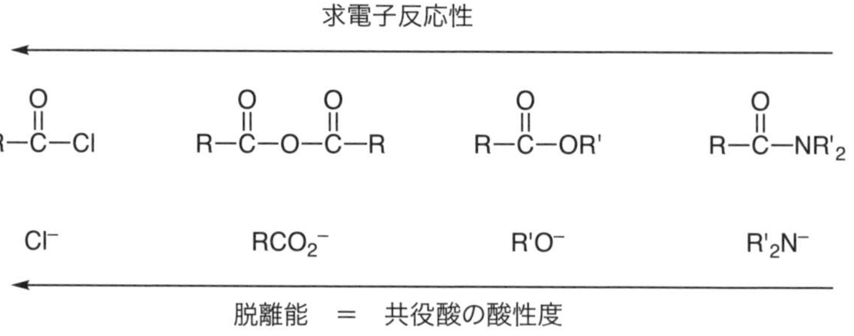

求電子反応性 ←————————————————————————

R–C(=O)–Cl   R–C(=O)–O–C(=O)–R   R–C(=O)–OR'   R–C(=O)–NR'$_2$

Cl$^-$ RCO$_2^-$ R'O$^-$ R'$_2$N$^-$

←———————————————————————————————————
脱離能 ＝ 共役酸の酸性度

図 15.20 カルボン酸誘導体の求核置換反応に対する反応性

b) エステルの合成法

図 15.21 には，エステル類の合成法を示した．最も基本的な方法は，カルボン酸とアルコールを酸触媒下で反応させるものである（フィッシャー法）．また，上述の一般式にしたがい，酸塩化物，酸無水物など，反応性の高いカルボン酸誘導体に対し，塩基の存在下，アルコールを反応させ

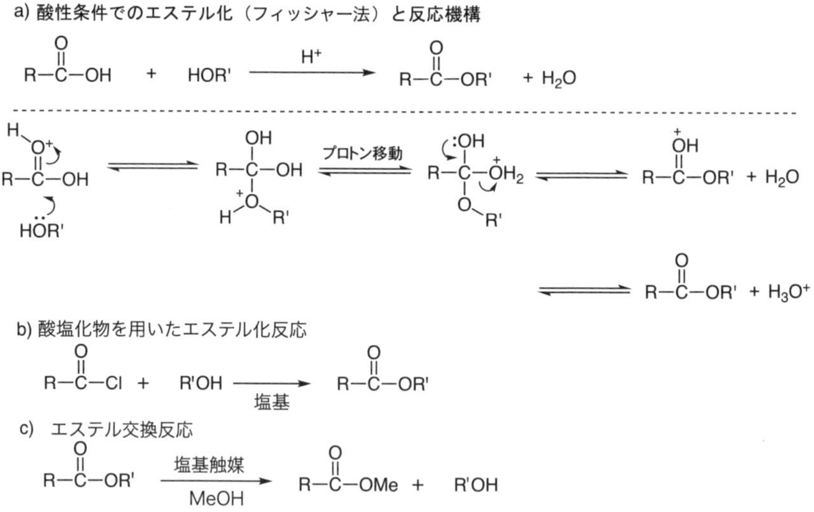

a) 酸性条件でのエステル化（フィッシャー法）と反応機構

R–C(=O)–OH + HOR' $\xrightarrow{H^+}$ R–C(=O)–OR' + H$_2$O

b) 酸塩化物を用いたエステル化反応

R–C(=O)–Cl + R'OH $\xrightarrow{\text{塩基}}$ R–C(=O)–OR'

c) エステル交換反応

R–C(=O)–OR' $\xrightarrow[\text{MeOH}]{\text{塩基触媒}}$ R–C(=O)–OMe + R'OH

図 15.21 エステルの合成法

る方法がよく用いられる．さらに，入手しやすいカルボン酸やアルコールを過剰に用い，あるエステルのアシル基やアルコキシ基を置換して別のエステルへと変換することもある（エステル交換反応）．

c) エステルの加水分解

エステルのアルカリ加水分解は，**けん化反応**とよばれる．その語源はセッケンの製造にある．その反応機構を図 15.22 に示した．すなわち，先述の一般式と同様に，まず OH^- がカルボニル基へ求核攻撃し，四面体形中間体 A を生成する．ここからアルコキシド ($R'O^-$) が脱離してカルボン酸 B が生成する．重要なことは，酸性度の違いから，生成したカルボン酸のプロトンが脱離した $R'O^-$ により直ちに引き抜かれることである．こうして生成したカルボキシラート C では，D に示すように O^- からの電子供与によりカルボニル炭素の求電子性が著しく低下しており，これに対する $R'O^-$ の攻撃は起こらないので，非可逆反応となる．反応後，反応液を酸性にすれば，カルボン酸が得られる．

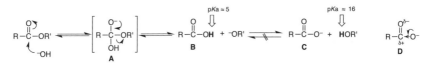

図 15.22　エステルのアルカリ加水分解の反応機構

トピックス：セッケンの歴史

セッケンの歴史は古く，二千年以上も昔に，古代ケルト人やローマ人が動物の脂肪を木灰と煮ることにより得ていたといわれている．中世の西欧でもセッケンはまだ貴重品で主に薬用であったが，19 世紀になると急速に普及した．当時の化学者 J. von Liebig (1803–1873)

はセッケン消費量がその国の富と文明の尺度であると述べている．我が国では，明治時代，横浜の堤磯衛門が最初のセッケンを製造し，文明開化の象徴の1つとなった．

セッケンは弱アルカリ性であり，Ca^{2+}，Mg^{2+}イオンを含む硬水中では泡立ちが悪く，難溶塩を作ってしまうという難点があった．一方，1930年代に登場した合成洗剤はこれらの欠点を克服した．すなわち，油脂の触媒的水素化分解により得られるラウリルアルコールを硫酸と反応させて硫酸モノアルキルエステルとした後，アルカリで中和してラウリル硫酸ナトリウムを得る．これは界面活性剤の条件を備えており，極性基部分は強酸のナトリウム塩なので水溶液はほぼ中性，また，硬水でも使用することができる．

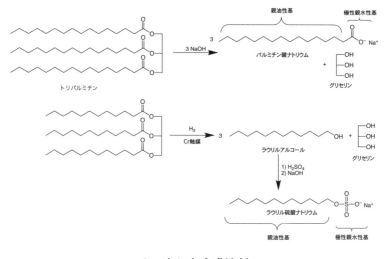

セッケンと合成洗剤

15.6 有機化合物の基本骨格

ここまでは，エステルやアミドは有機化合物を特徴づける官能基として注目したが，分子によってはこれらの結合が化合物の基本骨格を構成していることもある．例えば，ペプチドやタンパク質では，アミド結合が基本単位であるα-アミノ酸どうしを結びつけ，それが骨格を構成している．また，人工的な高分子化合物にもアミド結合やエステル結合が基本骨格を構成しているものが多い．これらの結合を生成させる反応は，前節で学んだカルボン酸誘導体に対するヘテロ求核剤の置換反応によって理解することができる．

一方，先述のように，多くの有機化合物の基本骨格は炭素でできていることを思いだそう．図15.23bには基本骨格が炭素原子から成る様々な天然有機化合物の例を示した．直鎖状の骨格，環状骨格など様々であるが，こうした構造を構築するためにはどのような有機反応が必要であろうか．次節では，そのための有機化学反応として**カルボアニオン**を用いた炭素-炭素結合生成反応を解説する．

15.7 炭素-炭素結合を作る

本節では，炭素-炭素結合を生成させるために用いられるカルボアニオンについて解説する．カルボアニオン，すなわち炭素のアニオンは，どうすれば生成させることができるだろう．それには二通りのやり方がある（図15.24）．1つは反応基質のC-H結合から塩基でプロトンを引き抜く方法（15.7.1節），もう1つはハロゲン化アルキルを金属で還元し，アルキル金属とする方法である（15.7.2節）．

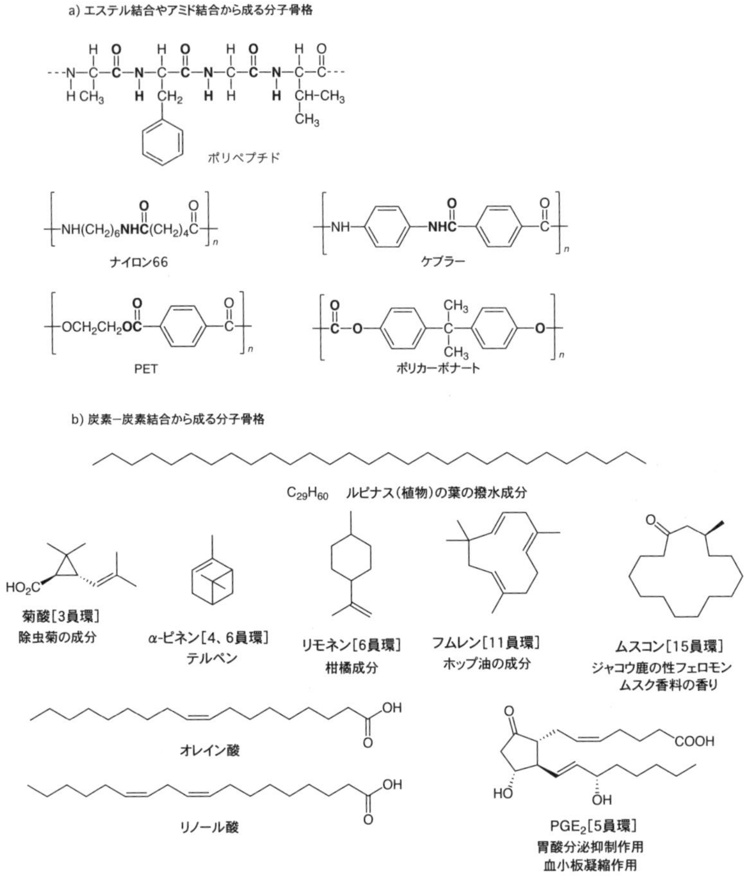

図 15.23　有機化合物の基本骨格

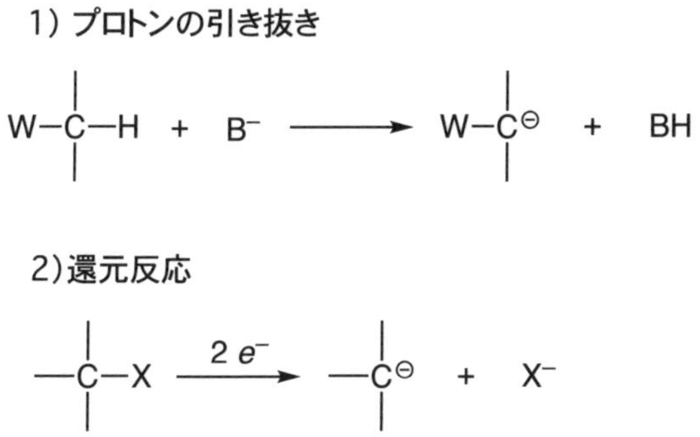

1) プロトンの引き抜き

$$\text{W-C-H} + \text{B}^- \longrightarrow \text{W-C}^{\ominus} + \text{BH}$$

2) 還元反応

$$\text{—C—X} \xrightarrow{2e^-} \text{—C}^{\ominus} + \text{X}^-$$

図 15.24　カルボアニオンの生成法

15.7.1　カルボアニオンの生成 1

聞き慣れない言葉であるが**炭素酸**というものがある．カルボン酸 (RCO_2H) やアルコール (ROH) のように，水素がヘテロ原子についた場合の酸性度はなじみ深いが，同様に炭素に結合した水素の酸性度に注目する．炭素原子についた置換基が電子求引的であれば，C–H 結合の電子密度は減少し，その水素はプロトンとしてとれやすくなり，酸性度が増大する．また，そうした置換基 W は生じたアニオンの電子を非局在化させて安定化する．

ここで，このような炭素酸の酸性度についても pK_a が定義できる．例えば，シアン化水素 (HCN) やニトロメタン (CH_3NO_2) の炭素原子に結合した水素は酸性度が高く，pK_a はそれぞれ 9 および 10 である．したがって，これらについては KOH などを用いて容易にプロトンを引き抜いてカルボアニオンを生成させ，炭素求電子剤との反応により C–C 結合生成につなげることができる．例えば，図 15.25 a に示すように臭化アルキルにシアン化カリウム (KCN) を作用させれば，先に学んだ S_N2 反応によりアルキルニトリルが得られ，これを酸性加水分解すれば，対応するカルボン酸が得られる．マロン酸ジエチルでは，2 つの電子求引性基エト

キシカルボニル基にはさまれたメチレン基の酸性度が高い（pK_a = 13）ので，アルコキシド塩基 $C_2H_5O^- Na^+$ を用いればアニオンに変換することができる．これをアルキル化した後，加水分解，脱炭酸させると，酢酸のアルキル置換体が得られる（図 15.25 b）．これはマロンエステル合成とよばれる，カルボン酸の古典的な合成法である．

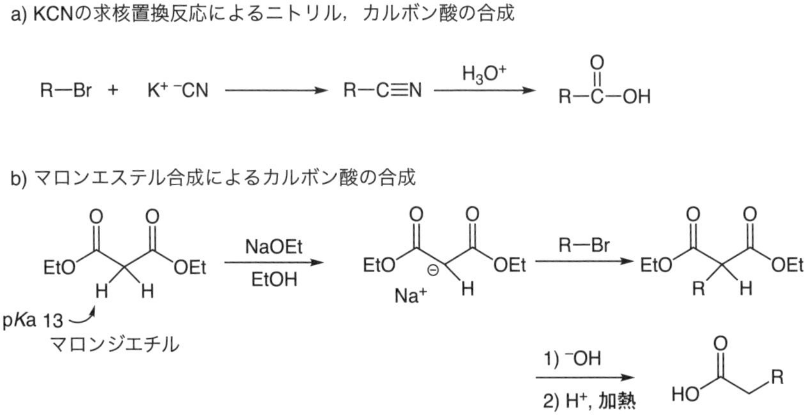

a) KCN の求核置換反応によるニトリル，カルボン酸の合成

$$R-Br + K^+ {}^-CN \longrightarrow R-C\equiv N \xrightarrow{H_3O^+} R-\underset{\underset{O}{\parallel}}{C}-OH$$

b) マロンエステル合成によるカルボン酸の合成

図 15.25 カルボアニオンを用いた C–C 結合生成反応

アセチレンは炭化水素としては異例に酸性度が高い（pK_a = 25）ため，塩基として $NaNH_2$ や n-BuLi（後述）を用い，アセチリドを生成させることができる．したがって，アセチレンを原料として双方向にアルキル鎖を伸ばすことができる．また，先述の部分水素化を行うと，オレフィンの立体選択的な合成を行うことができる．これはレッペ法とよばれ，20 世紀前半の石炭化学工業の基礎であった（図 15.26）．

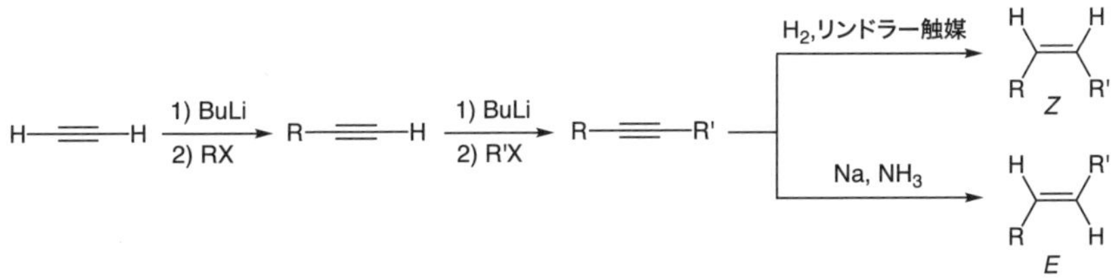

図 15.26　レッペ法

15.7.2　カルボアニオンの生成 2

炭素-金属結合を有する化合物を**有機金属化合物**という．1900 年，V. Grignard (1871–1935, 1912 年ノーベル化学賞) は臭化メチルと金属マグネシウムとの反応で，CH_3MgBr が生成することを見出した (図 15.27)．形式的には 2 電子供与によるカルボカチオン (C^+) のカルボアニオン (C^-) への変換と見ることができる．実際の構造は単純ではないが，重要なことは C–Mg 結合の分極であり，これがカルボアニオン (CH_3^-) として振る舞うことである．各種のカルボニル化合物や CO_2 を求電子剤とする反応により，アルコールやカルボン酸などを合成することができる．

ここで金属リチウムを用いれば，アルキルリチウムが得られる．n-ブチルリチウムは炭化水素の溶液として市販されている．これらは炭素求核剤としてばかりでなく，様々なカルボアニオンの発生のための塩基として用いられる．

a) $\overset{\delta^+}{C H_3}\!-\!\overset{\delta^-}{Br}$ + Mg(0) ⟶ $\overset{\delta^-}{C H_3}\!-\!\overset{\delta^+}{Mg}\!-\!\overset{\delta^-}{Br}$

b) $n\text{-}C_4H_9Cl$ + 2 Li ⟶ $n\text{-}C_4H_9Li$ + LiCl

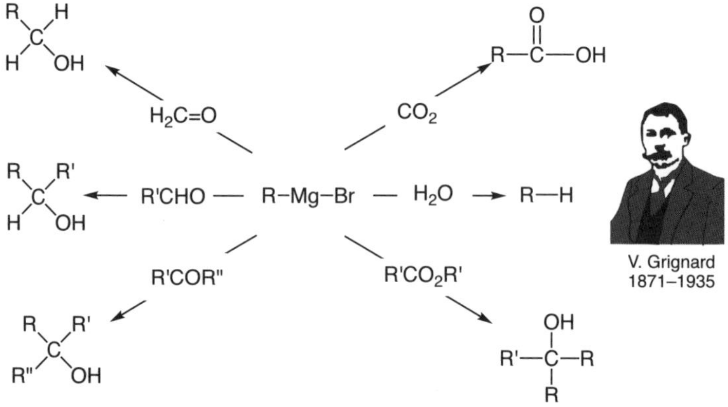

```
        H₂C=O                  CO₂
   R−CH(H)(OH) ←        → R−C(=O)−OH
   R−CH(R')(OH) ← R'CHO ← R−Mg−Br → H₂O → R−H
   R−C(R')(R'')(OH) ← R'COR''    R'CO₂R' → R'−C(OH)(R)(R)
```

V. Grignard
1871–1935

図 15.27 グリニャール反応とアルキルリチウム

索引

●配列は五十音順

●英数字

1次反応　187
dブロック元素　46
fブロック元素　46
Gタンパク質共役型受容体　123
π共役系　104
π結合　73
σ結合　72
sp^2 混成軌道　73
sp^3 混成軌道　74
sp 混成軌道　71

●あ　行

アボガドロ定数　33
アボガドロの仮説　32
アレニウスの酸塩基　193
アレニウスの式　189
アンチ配座　119
イオン化エネルギー　46
イオン結合　54
いす形配座　120
異性体　112
液体溶体　145
エナンチオマー　114
塩基解離定数　198
炎色反応　38
エンタルピー　166
エントロピー　177
エントロピー増大則　177
オクテット則（八隅則）　53

●か　行

化学反応式　158
化学ポテンシャル　182

化学量論係数　158
鍵と鍵穴　121
化合物　26
加水分解　17
片羽の矢印　223
活性化エネルギー　188
カルボアニオン　257
カロテノイド　103
還元半反応　211
還元半反応の平衡定数　212
官能基　226
気体溶体　144
軌道相互作用　58
嗅覚　124
凝華　132
凝華熱　132
凝固　131
凝固点降下　156
凝固熱　131
凝縮　132
凝縮熱　132
鏡像異性体　114
共鳴効果　225
共有結合　53
共有電子対　53
局在化軌道　61
極性分子　79
結合性軌道　56
結合の極性　59
結合の分極　223
けん化反応　255
原子価　50
原子核　35
原子軌道　40

原子量　33
現代的な酸化還元　208
原油　24
光子　98
構造異性体　112
構造式　110
ゴーシュ配座　119
固体溶体　145
骨格構造式　110
固溶体　145
混合物　22
混成軌道　71

●さ 行

再結晶　25
酸塩基の共役関係　197
酸塩基反応　191
酸塩基反応の一般則　201
酸解離定数　197
酸化剤・還元剤の強さ　218
酸化数　52, 210
三重結合　73
酸性雨　202
ジアステレオマー　115
磁気量子数　41
次元解析　81
脂質　17
シス体　74
実在気体　136
質量数　37
質量パーセント濃度　146
質量保存の法則　29
質量モル濃度　146
シャルルの法則　134
周期　45
周期表　45

受容体　123
主量子数　41
シュレーディンガー方程式　39
純物質　22
昇華　132
昇華熱　132
蒸気圧曲線　141
晶析　25
状態変化　131
状態量　164
蒸発　131
蒸発熱　132
蒸留　23
侵入型固溶体　145
水素イオン指数　194
水素結合　90
生気説　63
正準軌道　61
生成物　158
静電力　80
青銅　27
絶対温度　135
遷移状態　189
旋光度　114
前指数因子　188
全微分　165
相対原子質量　31
族　45
速度定数　187
組成式　32
素電荷　35
素反応　187

●た 行

脱水縮合　17
脱離反応　246

ダルトンの法則　147
炭水化物　16
炭素酸　259
単体　26
たんぱく質　18
置換型固溶体　145
置換反応　239
抽出　25
中性子　35
超臨界流体　142
定比例の法則　30
電気陰性度　48
電気双極子モーメント　79
電子　35
電子親和力　46
電子の授受　208
電子の存在確率密度　56
電磁波　97
電子配置　42
点電子式　53
同位体　37
統一原子質量単位　33
トランス体　74

●な 行
二重結合　74
ニューマン投影式　111
熱　162
熱化学方程式　167
熱の仕事当量　163, 164
熱力学第一法則　164
熱力学第二法則　178

●は 行
配座異性体　117
倍数比例の法則　31

配置異性体　117
配糖体　100
反結合性軌道　56
反応熱　162
反応物　158
非共有電子対　54
非極性分子　79
標準起電力　213
標準水素電極　214
標準生成エンタルピー　169
標準反応エンタルピー　167
ファンデルワールスの状態方程式　137
ファンデルワールス力　83
付加反応　242
物質の三態　130
物質波　39
沸点　131
沸点上昇　156
沸点図　154
沸騰　131
舟形配座　121
フラボノイド　104
ブレンステッド・ローリーの酸塩基　196
分極率　80
分散力　83
分子間力　77
分子軌道　55
分子式　32
分子量　33
分留　23
閉殻電子構造　48
平衡定数　185
ヘスの法則　169
ヘンリーの法則　151
ボイルの法則　133
方位量子数　41

ボーアの振動数条件　99

●ま　行

マーデルング則　42
マクスウェルの規則　140
マルコフニコフ則　245
味覚　124
水のイオン積　195
メソ化合物　117
モル質量　33
モル分率　147

●や　行

融解　131
融解熱　131
有機化合物の酸化度　231
有機金属化合物　261
誘起効果　224
誘起双極子モーメント　80
有機電子論　222
誘起力　82
融点　131
溶液　145
溶解度　148
溶解度曲線　150

陽子　35
溶質　144
溶体　144
溶媒　144
容量モル濃度　146

●ら　行

ラウールの法則　152
ラセミ体　115
ラボアジエの酸化還元　208
理想気体　136
理想気体の状態方程式　136
理想溶液　153
立体異性体　114
立体構造式　111
立体配座　118
粒子の波動性　38
両親媒性　92
両羽の矢印　223
臨界圧力　140
臨界温度　140
臨界点　141
臨界モル体積　140
レチナール　106

著者紹介

安池　智一（やすいけ・ともかず）

執筆章→ 1・2・3・5・6・8・9・10・11・12・13

1973 年	神奈川県に生まれる
1995 年	慶應義塾大学理工学部卒業
2000 年	慶應義塾大学大学院理工学研究科後期博士課程修了 博士（理学）
2000 年	日本学術振興会特別研究員（PD）
2005 年	分子科学研究所 助手
2006 年	総合研究大学院大学 助手（兼任）
2007 年	分子科学研究所・総合研究大学院大学 助教（職名変更）
2013 年	放送大学准教授，京都大学 ESICB 拠点准教授
2018 年	放送大学教授，京都大学 ESICB 拠点教授（現在に至る）
主な著書	「大学院講義 物理化学 第 2 版 I. 量子化学と分子分光学」東京化学同人（2013） 「分子分光学」放送大学教育振興会（2015） 「エントロピーからはじめる熱力学」放送大学教育振興会（2016） 「化学反応論―分子の変化と機能」放送大学教育振興会（2017） 「量子化学」放送大学教育振興会（2019）

鈴木　啓介 (すずき・けいすけ)

・執筆章 → 4・7・14・15

1954 年	神奈川県に生まれる
1978 年	東京大学理学部卒業
1983 年	東京大学大学院理学系研究科博士課程修了　理学博士
1983 年	慶應義塾大学理工学部 助手
1987 年	慶應義塾大学理工学部 専任講師
1989 年	慶應義塾大学理工学部 助教授
1994 年	慶應義塾大学理工学部 教授
1996 年	東京工業大学理学部 教授
1998 年	東京工業大学大学院理工学研究科 教授
2016 年	東京工業大学理学院化学系 教授
2020 年	東京工業大学栄誉教授（現在に至る）
2018 年	日本学士院会員

主な編著書　「有機合成化学」裳華房（2004）
「天然有機化合物の合成戦略」岩波書店（2007）
「大学院講義 有機化学 第 2 版 II. 有機合成化学・生物有機化学」東京化学同人（2015）
「化学反応論―分子の変化と機能」放送大学教育振興会（2017）
「大学院講義 有機化学第 2 版 I. 分子構造と反応・有機金属化学」東京化学同人（2019）

放送大学教材　1760106-1-1811（テレビ）

初歩からの化学

発　行　　2018 年 3 月 20 日　第 1 刷
　　　　　2023 年 8 月 20 日　第 4 刷
著　者　　安池智一・鈴木啓介
発行所　　一般財団法人　放送大学教育振興会
　　　　　〒105-0001　東京都港区虎ノ門 1-14-1　郵政福祉琴平ビル
　　　　　電話　03（3502）2750

市販用は放送大学教材と同じ内容です。定価はカバーに表示してあります。
落丁本・乱丁本はお取り替えいたします。

Printed in Japan　ISBN978-4-595-31901-3　C1343